Amal Bouagina

Les conserves alimentaires

Amal Bouagina

Les conserves alimentaires

Compatibilité contenant-contenu

Éditions universitaires européennes

Impressum / Mentions légales

Bibliografische Information der Deutschen Nationalbibliothek: Die Deutsche Nationalbibliothek verzeichnet diese Publikation in der Deutschen Nationalbibliografie; detaillierte bibliografische Daten sind im Internet über http://dnb.d-nb.de abrufbar.
Alle in diesem Buch genannten Marken und Produktnamen unterliegen warenzeichen-, marken- oder patentrechtlichem Schutz bzw. sind Warenzeichen oder eingetragene Warenzeichen der jeweiligen Inhaber. Die Wiedergabe von Marken, Produktnamen, Gebrauchsnamen, Handelsnamen, Warenbezeichnungen u.s.w. in diesem Werk berechtigt auch ohne besondere Kennzeichnung nicht zu der Annahme, dass solche Namen im Sinne der Warenzeichen- und Markenschutzgesetzgebung als frei zu betrachten wären und daher von jedermann benutzt werden dürften.

Information bibliographique publiée par la Deutsche Nationalbibliothek: La Deutsche Nationalbibliothek inscrit cette publication à la Deutsche Nationalbibliografie; des données bibliographiques détaillées sont disponibles sur internet à l'adresse http://dnb.d-nb.de.
Toutes marques et noms de produits mentionnés dans ce livre demeurent sous la protection des marques, des marques déposées et des brevets, et sont des marques ou des marques déposées de leurs détenteurs respectifs. L'utilisation des marques, noms de produits, noms communs, noms commerciaux, descriptions de produits, etc, même sans qu'ils soient mentionnés de façon particulière dans ce livre ne signifie en aucune façon que ces noms peuvent être utilisés sans restriction à l'égard de la législation pour la protection des marques et des marques déposées et pourraient donc être utilisés par quiconque.

Coverbild / Photo de couverture: www.ingimage.com

Verlag / Editeur:
Éditions universitaires européennes
ist ein Imprint der / est une marque déposée de
OmniScriptum GmbH & Co. KG
Heinrich-Böcking-Str. 6-8, 66121 Saarbrücken, Deutschland / Allemagne
Email: info@editions-ue.com

Herstellung: siehe letzte Seite /
Impression: voir la dernière page
ISBN: 978-613-1-56839-8

Copyright / Droit d'auteur © 2015 OmniScriptum GmbH & Co. KG
Alle Rechte vorbehalten. / Tous droits réservés. Saarbrücken 2015

Dédicaces

A l'âme de ma mère
Qu'elle repose en paix.

A mon père et ma belle-mère
Qu'ils trouvent dans ce travail un
Témoignage de mon profond amour et éternelle reconnaissance.
Que dieu leur procure bonne santé et longue vie.

A mes sœurs « Emna et Asma », leurs maries et leurs enfants.
Pour l'inspiration de ma vivacité, et la motivation de mes efforts.

A ma tante avec la qu'elle j'habite
Pour sa bienveillance.

A toute ma grande famille.

A mes chers amis
Pour témoigner de la fraternité qui nous associé.

A toute personne ayant contribuée de près ou de loin à la
réalisation de ce projet.

Je dédie ce travail...

Remerciements

Au terme de ce travail, je tiens tout d'abord à exprimer ma plus grande gratitude à **Mr Hamdi GUEZGUEZ** Directeur Général du Centre Technique de l'Emballage et du Conditionnement (PACKTEC) et **Mr Jalel HORRICHE**, Directeur technique des laboratoires du centre, qui m'ont permis de réaliser mon projet de fin d'étude au sein de leur établissement.

J'aimerais exprimer mes remerciements envers **Mr Naceur AYED** professeur à l'Institut National des Sciences Appliquées et de Technologie, pour son encadrement, ses directives, ses encouragements et ses précieux conseils. Qu'il trouve ici toute mes reconnaissance pour les efforts qu'il a fourni afin de guider ce travail à terme.

J'adresse aussi ma plus vive gratitude à **Mr Fayçal HELLAL** professeur à l'Institut National des Sciences Appliquées et de Technologie, de m'avoir encadré au cours de la réalisation de ce projet.

Je suis également très honorée par la présence de **Mr Faouzi BOUACHIR** comme président de jury.

J'exprime ma profonde gratitude à **Mr Chokri MESSAOUD** du fait qu'il a aimablement accepté d'examiner ce travail.

Je tiens à transmettre ma vive reconnaissance à **Mlle Sayda BELGAIED** Directeur des Laboratoires Emballages Alimentaires et Spécialement à **Mme Eya TURKI** Ingénieur en biologie pour tout ce qu'elle m'a apportée de soutient et d'encouragement.

Je tiens aussi à saluer et remercier Mme Marwa, Mlle Imen, Mr Mohamed et Mr ATEF, Ingénieurs aux laboratoires d'Emballages Alimentaires pour leur serviabilité et leur disponibilité.

Enfin, je remercie **Mr Mohsen BETAYEB**, Directeur d'usine BMT pour le temps qui nous a procuré au sein de sa société.

LISTE DES APPRÉCIATIONS

A : Absorbance

BADGE : Bisphénol A Diglycidyléther

BFDGE : Bisphénol A Diglycidyléther

GCMS : Chromatographie en phase gazeuse couplée à la spectrométrie de masse

HPLC : Chromatographie liquide haute performance

IR : Infrarouge

LD : Limite de détection

PET : Poly éthylène téréphtalate

PVC : Polyvinyle chloré

r : Coffecient de corrélation

T_{amb} : Température ambiante

UV-VIS : Ultraviolet-Visible

SOMMAIRE

LISTE DES TABLEAUX

LISTE DES FIGURES

PRESENTATION DU CENTRE TECHNIQUE PACKTEC

Le centre technique de l'emballage et du conditionnement Packtec, créé en 1996,dans le cadre du programme du mise à niveau de l'initiative de l'UTICA et sous tutelle du Ministère de l'Industrie et de l'Energie et des Petites et Moyennes Entreprises ,contribue au développement de l'industrie de l'emballage qui occupe actuellement une place de choix dans l'économie du pays avec sa contribution à la promotion des exportations et des perspectives nouvelles qu'il offre en matière d'investissement et de partenariat.

I. LES MISSIONS DE PACKTEC

Packtec assure des actions d'assistance technique, de formation et développement des projet d'assistance sectorielle financés par différents fonds de coopération dans le but de contribuer au progrès de l'industrie de l'emballage pour répondre aux exigences et attentes des fabricants et utilisateurs et de faire bénéficier les entreprises du secteur d'une expertise internationale de pointe.

I.1. L'assistance

Diverses actions d'assistance sont proposées par le centre pour assurer une aide technique pour différents opérateurs concernés par le secteur dans leur démarche de développement.

I.1.1. Assistance de mise à niveau

Dans ce cadre, Packtec assiste les entreprises du secteur de l'emballage et de l'imprimerie dans la réalisation des diagnostics et des plans de mise à niveau pour la définition des orientations stratégiques et des besoins en investissement matériels et immatériels.

I.1.2. Assistance qualité

L'approche adoptée par packtec s'appuie sur des projets qui visent aussi bien l'amélioration de la qualité du système que la qualité du produit. Pour ce faire ,ce centre assiste les fabricants d'emballages pour mettre en place le système de bonnes pratiques d'hygiène dans le but d'une certification de plus en plus exigée par les entreprises agro-alimentaires

I.1.3. Assistance sécurité

Packtec accompagne les entreprises concernées par le transport, le chargement et le déchargement des matières dangereuses pour la mise en place de système de management de la sécurité conformément aux réglementations internationales.

I.2. La formation

Ce centre développe des programmes de formation sur mesure pour répondre aux attentes des industriels du secteur aussi bien les fabricants que les utilisateurs d'emballage. Son objectif est de contribuer à l'amélioration du niveau de qualification technique des différents opérateurs pour maîtriser la qualité des matériaux d'emballage et des emballages finis.

I.3. L'information

Afin de pouvoir mettre à la disposition des professionnels des informations économiques réglementaires et techniques, Packtec assure une veille technologique pour permettre des prises de décisions plus pertinentes et faciliter ainsi l'accès aux marchés extérieurs.

II. LES LABORATOIRES DE PACKTEC

Plusieurs laboratoires disposant d'équipements de haute technologie pour la réalisation des essais physico-mécaniques, chimiques et optiques sur différents matériaux d'emballage.

II.1. Le laboratoire de l'emballage alimentaire

Ce laboratoire est responsable de la vérification de l'aptitude au contact alimentaire des matériaux d'emballage et des emballages finis conformément à la réglementation nationale et internationale.

II.2. Les laboratoires matériaux

Ils renferment le laboratoire papier et carton, le laboratoire plastique et le laboratoire d'emballage métallique. Ils ont pour mission de réaliser les divers tests : physiques, mécaniques, optiques, et chimiques.

II.3. Le centre de logistique

Il a pour objectif de vérifier l'aptitude au transport des emballages complets et pleins et homologuer les emballages des matières dangereuses conformément à la réglementation en vigueur.

INTRODUCTION GENERALE

Plusieurs matériaux tels que les métaux, le verre ont servis de récipients à usage alimentaire. Avec les développements scientifiques et technologiques récents notamment en matière de conservation des aliments, l'industrie des emballages n'a cessé de proposer d'autres emballages alimentaires.

Aujourd'hui, l'emballage est devenu un élément essentiel pour la conservation, la traçabilité, la communication et la création de nouveaux produits alimentaires. Pour cela il doit satisfaire les besoins des industriels et les attentes du consommateur. Mais aussi il doit répondre aux exigences législatives, notamment en termes de sécurité sanitaire.

D'autre part, l'emballage et l'aliment constituent deux éléments étroitement liés l'un à l'autre, le choix de l'un implique le choix de l'autre et ce, afin d'assurer la compatibilité contenant-contenu et la bonne conservation des denrées alimentaires emballées.

Pour cela nous avons choisi de travailler avec des emballages métalliques sous formes de boites et de capsules pour emballer la conserve alimentaire : l'harissa.

Et comme tout matériau destiné à entrer en contact avec les denrées alimentaires, ces emballages métalliques doivent répondre au principe d'inertie afin d'écarter toute migration de substance susceptible d'entrainer un danger pour la santé ou une modification de la composition des aliments contenus et de leurs caractéristiques organoleptiques.

Par ailleurs, les composés d'aliment ne doivent pas migrer vers l'emballage car un tel phénomène de sorption provoque des problèmes industriels importants influant sur la qualité des produits, ainsi que sur les propriétés physico-chimiques de l'emballage.

C'est dans ce contexte que nous choisissons d'étudier la compatibilité contenant-contenu entre le couple emballage métallique et conserve de piment : harissa.

Et ceci en divisant notre travail en deux parties : la première constitue la phase du choix d'emballage et de préparation d'aliment ainsi que son conditionnement et la seconde consiste à l'étude de compatibilité entre le couple emballage-aliment choisi.

Ce rapport de projet de fin d'études est subdivisé en quartes grandes sections :

La première est une introduction générale qui présente notre travail.

La deuxième constitue une revue bibliographique sur les conserves, les emballages métalliques à contact alimentaire et la compatibilité entre les deux.

La troisième est consacrée à l'étude expérimentale qui comporte les méthodes utilisées ainsi que les résultats trouvés et leurs interprétations.

La dernière représente une conclusion générale suivie des perspectives clôtureront cette recherche.

PARTIE A :

ETUDE BIBLIOGRAPHIQUE

Les emballages métalliques à contact alimentaire jouent un rôle incontournable dans la protection des conserves contre les facteurs extérieurs qui peuvent altérer leurs qualités organoleptiques et nutritionnelles mais au même temps ils peuvent régir avec les aliments et devenir eux-mêmes la cause qui modifie leurs propriétés. Les conserves ; d'autre part ; peuvent affecter leurs emballages et modifier leurs caractéristiques. Pour cela, nous avons abordé dans la première partie de notre étude bibliographique tous ce qui concerne les conserves et les emballages métalliques en contact avec eux et nous avons traité dans la deuxième partie la compatibilité entre contenant et contenu.

A.I. LES CONSERVES EN GENERAL ET L'HARISSA EN PARTICULIER

A.I.1. Les conserves

A.I.1.1. Définition

Aliments conservés à l'aide de différents procédés ; plus spécialement, aliments conservés en boîte (boîte de conserve) ou en bocal par traitement à la chaleur. [W1]

A.I.1.2. Gammes des conserves alimentaires

Les produits alimentaires, particulièrement les fruits et légumes, et leurs préparations sont parfois classés en gammes en fonction du mode de présentation et des techniques d'élaboration, ainsi que du procédé de conservation.

On peut conserver donc :

❖ **Les légumes**

Plus de trente variétés de légumes existent, préparées au naturel ou cuisinées. La difficulté de conserver des produits frais et le temps accordé à leur préparation justifient l'intérêt de la restauration hors foyer pour les légumes. Chaque étape du processus d'appertisation est totalement mécanisée.

Tandis que chaque étape de la vie des produits est suivie grâce à une traçabilité qui permet de remonter à l'origine du produit.

Les légumes sont généralement recouverts d'un jus (eau, sel et épices) qui aide à la cuisson et favorise la conduction de la chaleur. [1]

❖ **Les fruits**

Fruits au sirop, compotes et purées de fruits, salades de fruits… composent la gamme des fruits en conserve métallique. Comme pour les légumes, les fruits sont récoltés à complète maturité avant de suivre le processus de l'appertisation. Ils sont présentés sans liquide de couverture pour les compotes et purées, avec un liquide de couverture (eau, jus ou sirop) pour les autres produits. [1]

❖ **Les poissons**

Les poissons représentent plus de vingt pourcent des quantités consommées en conserve, juste derrière les légumes. Les conserveurs se sont historiquement souvent installés à proximité des grands ports.

Rinçage rapide, saumurage, étripage, lavage, égouttage, séchage, emboîtage ponctuent la fabrication du poisson en conserve. Il est ensuite recouvert d'huile, de sauce ou de marinade avant sertissage et stérilisation. [1]

❖ **Les plats cuisinés**

Des plats traditionnels ou certains autres plats cuisinés, sont proposés en conserve appertisée. Contrôles de qualité des viandes, parage, tranchage, pré-cuisson des viandes précèdent l'assemblage avec les légumes et la sauce. [1]

A.I.1.3. Conserves alimentaires existant sur le marché tunisien

❖ **Les tomates**

L'activité de transformation des tomates en Tunisie remonte au tout début du siècle dernier. Cette filière a connu une évolution importante et compte actuellement vingt huit unités pour une capacité journalière de transformation de trente six mille tonne de tomates fraîches.

La majorité des usines de tomate ont commencé la modernisation et l'augmentation de la capacité de leur appareil de production, et instauré des systèmes de management de la qualité.

La culture de la tomate d'industrie compte plus de dix mille producteurs qui emblavent entre vingt mille et vingt six mille hectares à l'occasion de chaque campagne.

C'est ainsi que l'on transforme entre six cent cinquante mille et neuf cent cinquante tonnes de tomates fraîches par an, pour la production de double et triple concentré de tomates et d'autres conserves de tomates.

La transformation débute généralement au courant de la première quinzaine du mois de juillet pour s'étaler jusqu'à septembre.

Depuis plusieurs années la filière est excédentaire structurellement et les exportations représentent près de vingt pourcent de la production. Les marchés traditionnels de la Tunisie pour ce produit sont constitués de l'Union européenne, l'Afrique et notamment les pays limitrophes du Maghreb. [W2]

❖ **L'harissa (voir détails dans la partie A.I.2. l'harissa)**

Fabriquée à partir de piment rouge frais concentré, d'ail et d'épices, l'harissa en conserves est considérée parmi les produits les plus appréciés de la gastronomie tunisienne et sa popularité a depuis longtemps dépassé les frontières. En effet, testé et estimé par des millions de touristes, ce produit devient de plus en plus prisé sur le marché international.

La culture du piment permet la production d'environ deux cent mille tonnes annuellement, dont vingt cinq à trente pourcent sont traitées au niveau des vingt cinq unités industrielles représentant cette branche.

 Ces dernières années, les exportations d'harissa ont connu un net progrès reflété par le tonnage réalisé et le nombre de pays importateurs de ce produit.

En effet, l'année 2011 a connu un chiffre record d'exportation d'harissa avec quinze mille tonne expédiées vers plus de vingt pays partout à travers le monde. [W2]

❖ **Les poissons**

Profitant depuis longtemps des richesses de la grande bleue, les premières unités de transformation de poisson en Tunisie sont parmi les plus anciennes du bassin méditerranéen. Certaines unités ont vu le jour au début du dix neuvième siècle. Le métier de conserveur s'est ainsi transmis de génération en génération depuis près de deux siècles.

Cette tradition, qui allie les qualités gustatives du poisson méditerranéen au savoir faire des industriels, s'est de nos jours développée avec l'acquisition de lignes modernes de transformation et, la mise en place de système de management de la qualité répondant ainsi aux nécessités actuelles de l'industrie alimentaire. [W2]

❖ **Autres Conserves de fruits et légumes**

Le secteur des conserves alimentaires a aussi touché aux mets traditionnels en alliant les délices des recettes typiques tunisiennes au savoir faire des professionnels du secteur.

Une large gamme de produits est ainsi proposée par cette branche tel que les tomates séchées, les poivrons grillés, la salade grillée, la caponnâtes d'aubergine, les artichauts grillés, les macédoines de légumes préparées en sauce, l'harissa traditionnelle, l'harissa verte, les pâtes d'olive, sans oublier la gamme habituelle comprenant différents types d'olives de table, de câpres, de piments etc.

Trente unités de production produisent annuellement près de dix mille tonnes d'olives et autres produits végétaux conservés et semi-conservés en différents types d'emballages et présentations.

Concernant la transformation des fruits, elle occupe une quinzaine d'unités et se développe notamment autour de la production de confitures de différents fruits : abricot, coing, fraise, figues, et autres. La transformation est saisonnière et touche des produits frais. [W2]

A.I.2. L'harissa

A.I.2.1. Définition et présentation

L'harissa est une purée de piments rouges et d'épices. Sa dénomination fait littéralement référence au broyage que subissent les piments.

La harissa est généralement utilisée comme condiment ou comme ingrédient. Elle est souvent utilisée pour assaisonner des plats, comme le couscous ou le kefteji, et aussi pour préparer des casse-croûtes.

C'est une sauce nationale en Tunisie, où elle est un élément important de la cuisine locale, en particulier au cap Bon, à Djerba et dans la région du Sahel tunisien.

Il en existe des variétés régionales selon le type de piments, le goût et la préparation. [W3]

Figure1. Quelques variétés de harissa

A.I.2.2.Composition chimique

L'harissa se compose essentiellement de piments rouges frais ou secs, de sel et d'un mélange d'épices et d'aromates qui diffère selon le type de harissa et sa région.

❖ **Composition chimique de piment rouge**

Les piments utilisés dans l'harissa sont généralement des piments rouge fort (Capsicum annuum) :

Ces piments ont la composition chimique suivante :

Colorants : 0.1 à 0.5% de l'extrait sec, caroténoïdes rouge à orange

Capsanthrine

Capsorubin

Vitamines :

C (acide ascorbique) : 0.1%

Provitamine A, A, E

Sels minéraux : Ca, Mg, P, K

Huile essentielle: moins de 1%

long hydrocarbure, acides gras, méthyle ester d'acide gras...

Principe piquant : 1 à 4% de selon les variétés (voir les forces des piments)

66% Capsaicine

32% DihydroCapsaicine

traces de nor-dihydro-capsaicine, homo-dihydro-capsaicine, homo-capsaicine [W4]

Ce type de piment contient plusieurs autres composés identifiables par chromatographie gazeuse couplée à la spectrométrie de masse (GCMS) et qui sont résumés dans le tableau suivant [2]:

Terpènes et leurs dérivés	a-Pinene, (-)- Isoterpinolene b-Myrcene a-Terpinene DL-Limonene b-Ocimene-X g-Terpinene 1,3,7-Octatrienene,3,7-dimethyl- Linalool oxide(2) Longipinene Linalool	a-Chamigrene (-)-b-Elemene b-Selinene 1-a-Terpineol Aristolen b-Himachalene Eremophilene (+)-Aromadendrene (-)-Aromadendrene (E)-a-Bisabolene Nerol 1649 1-Hexadecene	trans-Geraniol D-Nerolidol cis-Caryophyllene Elemol g-Gurjunene Chromolaenin d-Selinene Widdrene g-Selinene Ligulodgsonal cis-Farnesol (E,E)-Farnesylacet
Esters	Benzoic acid, 2-hydroxy-, methyl ester Dodecanoic acid, methyl ester Tetradecanoic acid, ethyl ester Pentadecanoic acid, methyl ester Hexadecanoic acid, methyl ester	Hexadecanoic acid, ethyl ester Heptadecanoic acid, methyl ester Heptadecanoic acid, methyl ester Octadecanoic acid, methyl ester Octadecanoic acid, ethyl ester	9-Octadecenoic acid (Z)-, ethyl ester 9,12-Octadecadienoic acid. methyl ester Ethyl linoleate Octadecatrienoic acid (Z,Z,Z)-me-ester Methoxybiphenyl
Alcools	2-Hexanol 1-Pentanol, 4-methyl- 1-Undecanol	3-Cyclohexen-1-ol,4-methyl-1-(1-..)- 2-Tetradecanol 1-Hexadecanol	(4aR*, 9aS*)-..a-Octohydro-..5-ol (Z)6,(Z)9-Pentadecadien-1-ol
Aldéhydes	Butanal, 3-methyl- Hexanal Heptanal 2-Hexenal, (E)- Octanal Nonanal 2-Octenal, (E)- 2,4-Heptadienal, (E,E)-	2-Nonenal, (E)- 2,6-Nonadienal, (E,Z)- 3-Cyclohexene-1-acetaldehyde Cyclohexadiene-1-carboxaldehyde.. Octadecanal Hexadecanal 5-Methyl-2-phenyl-2-hexenal	16-Octadecenal 3-Cyclohexene-1-acetaldehyde Cyclohexadiene-1-carboxaldehyde.. Octadecanal Hexadecanal 5-Methyl-2-phenyl-2-hexenal 16-Octadecenal
Cétones	Cyclohexanone, 2,2,6-trimethyl- 2-Nonen-4-one	2-Nonadecanone	2-Pentadecanone,..-trimethyl-
Acides	Decanoic acid	Heptadecene-(8)-carbonic acid-(1)	Dodecanoic acid
Hydrocarbures	1,3-Cyclopentadiene, 5-tert-butyl- Cyclohexene, 1-. (1-methylethenyl)-... Decane, 2,2-dimethyl- Decane, 2,2,8-trimethyl- Cyclohexane, 1,4-dimethyl-, trans-	2,4-Diisopropenyl...-vinyl-cyclohexane 3-Hexadecene, (Z)- 1-Ethynyl-2-methyl-1(E)-cyclododecene Hexadecane, 2-methyl- Heptadecane	Cyclohexene, 1,3-diisopropenyl-6-me. Docosane Cyclotetradecane 1,13-Tetradecadiene 7-Hexadecene, (Z)-

	Tridecane	1-Octadecene	Cyclohexadecane
	Tridecane, 2-methyl-	1761 Heptadecane, 2-methyl-	3,4-Octadiene, 7-methyl-
	Cyclododecane	(7S,10S,5E)..Trimethyl-7..dodecatriene	Tricosane
	Tetradecane, 2-methyl-	1-Cyclohexyl-1-butyne	1-Hexadecene
	Tridecane, 3-methyl-	Cyclohexene, 4...1-(1-methylethenyl)-	4-Hexadecen-6-yne, (E)-
	1,3,5,8-Undecatetraene	Nonadecane	5-Eicosene, (E)-
	3-Heptene, 2,6-dimethyl-	Cyclohexane, 1,2,3-trimethyl-...	Cyclotetradecane
	Cyclopropane, 1,1-dimethyl-2-nonyl-	1,4-Cyclohexadiene, 3-ethenyl-dimethyl-	3-Tetradecen-5-yne, (E)-
	Pentadecane	Cyclohexane, 1-methyl-2,4-bis...	Cyclohexadecane
	Cyclotetradecane	Heneicosane	1,4-Cyclononadiene
	Pentadecane, 4-methyl-	1-Tetradecene	3-Eicosene, (E)-
	Pentadecane, 2-methyl-	1,3-Dimethyl-...-1,3-cyclopentadiene	3-Octadecene, (E)-
	Pentadecane, 3-methyl-	1-ethyl-2-methyl cyclododecane	Nonadecane
Dérivés de benzène	Benzene, 1,4-dimethyl-	Benzene, (1-butyl/octyl)-trimethyl-	Benzene, 1-ethyl-3, 5-diisopropyl-
	Benzaldehyde	Benzene, (1-Propylonyl)-	Benzene, 1-ethyl-3, 5-dimethyl-
	Benzaldehyde, 2,5-dimethyl-		
Naphtalènes	Naphtalene, tetrahydro-1,1,6-trimethyl-	Naphtalene,1,2-dihydro-...trimethyl-	Naphtalene, 2-decyldecahydro-1
	Naphtalene,...tetrahydro-trimethyl-	Naphtalene,1,2,3,4,4a,5,6,8a-octahy	Isopropyl..naphthalene
	Naphtalene,...octahydro-4a,8-dime..		1,4,9,2-Methoxy-3-methyl..naphthalene
Composés soufrés	2-Ethyldibenzothiophene	3-Ethyldibenzothiophene	1a,7b-dihydroazirine(,)benz..dithiophene
	1-Ethyldibenzothiophene		
Composés phénoliques	Phenol, 2,6-bis(1,1-dimethylethyl)-4-methyl-	Phenol, 2,4-bis(1,1-dimethylethyl)-	
Substances azotés hétérocycliques	1H-Pyrrole, 1-methyl-	1,2,4-decahydro-methenoazulene	1H-Indole
	2-Dimethylaminopyridine	5-acetyl-6-methyl-benzimidazolone	6-acetyl-7-hydroxy-2,2-
	Pyrazine, tetramethyl-	2,4,6-Trimethyl-1,3-benzenediamine	dimethylbenzopyran
Autres	Furan, 2-pentyl-	6-Acetyl-5-hydroxy-1,8-dimethyl-1,2,3	2(4H)-Benzofuranone,...trimethyl-
	Phenol, 3,5-dimethyl-	1,10-Biphenyl,3-chloro-4-methoxy-	7-hydroxy thymohydroquinone dime...
	4-Ethyl-2,6-xylenol	Dihydro-6, 7-dimethyl...[1,2-b]- furan	4,40-dithioro-3-
	1H-Benzocycloheptene,...octahydro-...	2(4H)-Benzofuranone...a-trimethyl-	Nootkatone
	3-(4-Methoxy-...-5-methylpheny)) propene		

Tableau 1. Composés de piment rouge identifiables par GCMS

❖ **Composition chimique des épices et d'aromates**

Les épices et les aromates ; que contiennent l'harissa ; différent selon son type et sa région.

Et selon une enquête (voir annexe I) que nous avons réalisée sur les différents types de harissa en Tunisie, les substances ajoutées aux piments rouges sont généralement :

L'ail, l'oignon, la coriandre, le carvi, la menthe verte, la rue et la cannelle.

Les huiles essentielles de ces substances continent plusieurs composés identifiables par chromatographie en phase gazeuse (GC) et résumés dans le tableau suivant :

Nom	Nom botanique	Organe distillé	Composition
Ail	*Allium sativum*	Bulbe	Sulfides: diallyl disulfide, diallyl trisulfide diallyl tetrasulfide diallyl sulfide, methyl-allyl trisulfide, allyl-propyl disulfide, methyl-allyl disulfide.[3]
Oignon	*Allium cepa*	Bulbe	Dipropyl disulfide ; Méthyl-propyl-trisulfide ;Dipropyl-trisulfide Aldéhyde propionique [4]
Coriandre	*Coriandrum sativum*	Semences	Monoterpénols : linalol /géraniol Monoterpènes : alpha-pinène /gamma-terpinène / limonène / myrcène / camphène / para-cymène/ béta-pinène / terpinolène Cétones terpéniques : camphre Esters terpéniques : acétate de géranyle Acides carbophénoliques, coumarines [5]
Carvi	*Carum carvi*	Semences	Cétones terpéniques : carvone /dihydrocarvone-Cis Monoterpènes : limonène /myrcène Acides gras, tanins, coumarines [6]
Menthe verte	*Mentha viridis*	parties aériennes	Monoterpènes : limonène/myrcène/béta-pinène /alpha-pinène/sabinène /para-cymène/gamma-terpinène Monoterpénols : menthol/terpinène-4-ol/trans-carvéol /cis-hydrate de sabinène Monoterpénones : carvone /(Z) dihydrocarvone /menthone /pipéritone Oxydes: 1,8-cinéole Sesquiterpènes : béta-bourbonnène /béta-caryophyllène /iso germacrène /(E)-béta-farnésène /béta-copaène Esters: acétate de dihydrocarvyle /acétate de cis-carvyle[7]
Rue	*Ruta graveolens L.*	parties aériennes	Cétone : 2-undécanone Furanocoumarines :bergaptène/psoralène Alcaloïdes quinoléiques :fagarine/arborinine/ skimmianine/rutacridone/hydroxyrutacridone flavonoïdes : rutine / quercétine [8]
Cannelle	*Cinnamomum verum*	Ecorce	aldéhyde cinnamique, eugénol et acide cinnamique, terpènes principalement, tanins

Tableau 2. La composition des huiles essentiels des épices et des aromates ajoutés à l'harissa

A.II. LES EMBALLAGES MÉTALLIQUES CONÇUS POUR LES CONSERVES

A.II.1. Les différents types d'emballages métalliques conçus pour les conserves

A.II.1.1.Les boites métalliques

❖ Définition

La boite de conserve est un contenant métallique hermétique, permettant la mise en conserve des aliments et leur maintien à température ambiante.

Elle est inventée au début du XIXe siècle pour répondre aux besoins de la marine et des armées, elle a été utilisée par les collectivités avant de pénétrer, peu à peu, dans les foyers ; dès le milieu du XXe siècle, elle est utilisée partout dans le monde, principalement par l'industrie agroalimentaire, pour la conservation de la viande, du poisson, des légumes, des fruits, des plats cuisinés, des produits laitiers et des aliments pour animaux. [9]

❖ Les différents types de boites de conserves métalliques destinées aux produits alimentaires

Les boîtes métalliques actuellement utilisées dans l'industrie de la conserve alimentaire sont généralement classées en deux catégories : les boîtes à trois pièces et les boîtes à deux pièces.

Les principaux éléments constituant une boite métallique sont représentés sur la figure 2 :

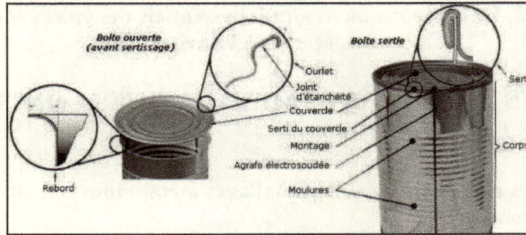

Figure2. Eléments d'une boite métallique

- **Boîtes à trois pièces**

Les boîtes à trois pièces sont constituées d'un corps, d'un fond et d'un couvercle. Le corps est constitué d'une tôle en acier dont les extrémités sont assemblées par agrafage et soudure à l'étain ou par électro-soudure.

Les boîtes à agrafe soudée à l'étain sont de plus en plus abandonnées au profit des boîtes à agrafe électro-soudée et ce à cause des problèmes de sertissage au niveau de la zone d'agrafage (surépaisseur du métal du corps au niveau de l'agrafe).

Le fond de la boîte est pré-assemblé au corps par sertissage. Cette opération est effectuée sur les lieux de fabrication de la boîte. Arrivée chez la conserverie, la boîte est remplie par le produit puis fermée par sertissage du couvercle au corps. [10]

- **Boîtes à deux pièces**

Le corps se compose d'un fond intégré (macaron) et de parois formés à partir d'une seule feuille de tôle par emboutissage de celle-ci ; c'est pourquoi elles sont appelées « boîtes embouties ». L'assemblage du couvercle au corps se fait par sertissage au niveau de la conserverie après remplissage de la boîte par le produit. [10]

A.II.1.2.Le système bocal en verre-capsule métallique

Remarque : dans cette étude nous nous focalisons sur les capsules métalliques plutôt que les bocaux en verre vu que ce matériau est inerte vis-à-vis les aliments conservés

❖ **Définitions**

• **La capsule**

La capsule est le couvercle qui ferme un bocal ; il peut être métallique ou plastique.

Les principaux éléments constituant une capsule métallique sont représentés sur la figure3 :

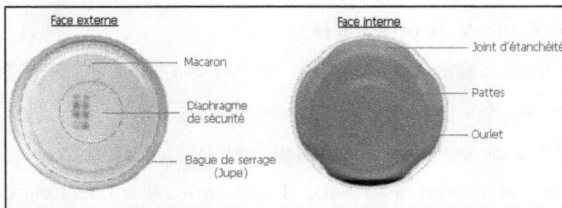

Figure3. Eléments d'une capsule quart de tour

• **Le capsulage**

C'est l'opération mécanique qui consiste à fermer hermétiquement un récipient avec une capsule. Le système récipient-capsule constitue l'emballage.

On trouve, dans le commerce, plusieurs types d'emballages dont la fermeture est assurée par capsulage : « récipient en verre-capsule métallique », « récipient en verre-capsule plastique », « récipient plastique-capsule plastique », etc. Mais dans cette étude, nous nous limitons essentiellement au système emballage constitué d'un bocal en verre et d'une capsule métallique.

En agroalimentaire, le capsulage est utilisé comme technique de fermeture pour la conservation des denrées alimentaires : après remplissage du récipient par le produit, il est fermé par une capsule, puis l'ensemble est soumis à un traitement thermique adéquat. [10]

❖ **Types de capsules**

Plusieurs types de capsules sont disponibles sur le marché. Le choix de l'un ou l'autre est déterminé par le produit à conditionner, le procédé à utiliser, le type du bocal et aussi par le prix de la capsule.

On distingue généralement quatre groupes de capsules : les capsules de pression, les capsules quart-de-tour, les capsules PT et les capsules vissantes. [10]

- **Capsule de pression (Pry-off)**

Les capsules de pression (Anglais : Pry-off cap) sont destinées aux bocaux avec des bagues sans filetage. Dans ce cas de capsules, l'étanchéité est latérale et assurée par un joint en caoutchouc plaqué sur le rebord intérieur de la capsule. [10]

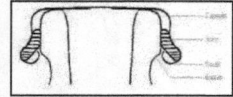

- **Capsule quart-de-tour (Twist-off cap)**

C'est la capsule d'un bocal qui se ferme et s'ouvre en moins d'un tour (¼ de tour), en anglais elle est désignée par le terme « Twist-off cap ». C'est ce qu'on appelle une capsule fonctionnelle car elle s'ouvre à la main sans ustensile et peut se refermer aisément et plusieurs fois.

Après ouverture du bocal, le consommateur peut le refermer hermétiquement. De ce fait, la capsule twist-off convient surtout aux produits qui ne sont pas destinés à être consommés en une seule fois (confiture, miel, etc.). [10]

- **Capsule PT (Press-on, Twist-off cap)**

Les capsules PT sont couramment employées sur les petits pots d'aliments pour bébés ainsi que pour d'autres produits alimentaires.

L'étanchéité de la fermeture par une capsule PT est assurée par un joint en plastisol moulé qui couvre à la fois la surface plane (joint horizontal) et la surface latérale (joint latéral) de la capsule. [10]

- **Capsules vissantes (CT)**

L'abréviation CT (Continuous Thread) est utilisée pour décrire le type de capsules qui se vissent. Le filetage de la capsule CT s'engage en-dessous de celui de la bague pour maintenir la face interne du macaron serré contre la surface de scellage du bocal. L'étanchéité de la fermeture est assurée soit par un joint d'étanchéité, soit à l'aide d'un opercule. Ce dernier maintient la fermeture étanche du bocal même après enlèvement de la capsule ; il faut donc le détruire pour ouvrir définitivement le bocal. [10]

A.II.2. Les matériaux utilisés pour les emballages métalliques à contact alimentaire

Deux grandes familles de métaux sont utilisées dans la fabrication des emballages métalliques : l'acier (fer-blanc ou fer chromé) et l'aluminium.

❖ **Matériaux à base d'acier : Fer blanc et fer chromé**

Ce sont des aciers doux laminés à froid pour obtenir des feuilles de 0,12 mm à 0,49 mm d'épaisseur. Les feuilles d'acier sont ensuite revêtus d'étain (de 1 à 15 g/m2 selon utilisation) pour le fer-blanc, ou de chrome et d'oxyde de chrome (environ 0,1 g/m2) pour le fer-chromé.

Le fer-blanc est utilisé nu ou verni ; le fer chromé est toujours verni. [11]

- **Fer blanc**

Le fer blanc est constitué de l'acier, alliage du fer et d'autres matériaux, et une couche d'étain.

- L'acier de base

La composition chimique de l'acier de base influence également les caractéristiques mécaniques de l'emballage et peut jouer un rôle de résistance à la corrosion.

- L'étamage

Réalisé par voie électrolytique, l'étamage permet de déposer en continu une quantité précise d'étain sur chaque face du métal qui a été préalablement décapé et dégraissé. Ce dépôt est ensuite refondu pour obtenir un alliage avec le support et un aspect brillant caractéristique. Enfin, la surface reçoit un traitement électrochimique de passivation pour parvenir à une couche superficielle contenant des oxydes d'étain, des oxydes de chrome et du chrome métallique. En dernier, il reçoit un très léger huilage facilitant son glissement et sa protection avant vernissage.

En pratique, les taux d'étain, exprimés en g/m^2, sont choisis en fonction du type de boîte, du contenu et des conditions de mise en œuvre. [11]

- **Le fer chromé**

C'est un matériau composé d'acier et d'une couche de chrome, l'opération d'addition de ladite couche est dite « chromage ».

Mise au point au Japon vers 1965, cette famille de revêtement s'est imposée aux USA puis en Europe comme le complément indispensable du fer blanc.

L'appellation internationale du fer chromé est ECCS (ELECTROLITIC CHROMIUM COATED STEEL) mais la désignation usuelle TFS (TIN FREE STEEL) est encore couramment employée. [11]

❖ **Aluminium**

On utilise des alliages (contenant du magnésium ou du manganèse) laminés dans une gamme étendue d'épaisseur selon qu'il s'agit d'emballages rigides, semi-rigides ou souples. L'aluminium est toujours utilisé verni.

L'aluminium présent les caractéristiques suivantes :

- Légèreté.
- Etanchéité contre les gaz
- Recyclage
- Flexibilité
- Stabilité

Cependant, ce matériau présente certains inconvénients :

- Relativement cher
- Fermeture difficile
- Fonctions marketing limité (formes limitées) [11]

A.II.3. Les vernis de protection de l'emballage métallique

❖ **Définition et fonctions**

Un vernis (ou revêtement organique) peut se définir comme un matériau macromoléculaire déposé sur la surface du métal pour former un film mince (3 à 15 μm) adhérent et inerte.

La fonction essentielle des vernis est de minimiser les interactions des métaux de l'emballage avec les produits conditionnés et le milieu extérieur. A l'extérieur, les revêtements organiques assurent simultanément la fonction de protection et de décoration.

Le choix d'un revêtement se fait en fonction du mode de mise en forme du métal, de la nature du contenu de la boîte, et de la durée de vie souhaitée pour la boîte. [12]

❖ **Constituants**

La plupart des vernis sont mis en œuvre sous forme de préparations liquides applicables sur le métal et traitées ensuite thermiquement pour former le film sec. [12]

- **Matière filmogène**

C'est le matériau macromoléculaire (résine) qui constitue la base du vernis. En fonction de la nature des polymères présents, de leur degré de réticulation, on aboutit aux propriétés effectivement recherchées. [12]

- **Pigments**

Les composés polymères donnent des films transparents. Les pigments sont utilisés pour :

- opacifier le film et masquer le support
- donner un aspect particulier (blanc par exemple)
- renforcer l'inertie chimique du film [10]

Pigments	Utilisation
Oxyde de titane	Vernis blancs
Poudre d'aluminium	Masquant de surface
Oxyde de zinc	Protection vis-à-vis des éléments contenant des sulfures

Tableau 3.Quelques pigments et leur utilisation

- **Solvants**

Ce sont des constituants temporaires qui permettent de maintenir le vernis sous forme liquide stable et avec une viscosité adaptée aux moyens d'application. Les solvants sont ensuite éliminés par évaporation lors du séchage du vernis.

Divers solvants organiques sont employés (par exemple alcools, cétones, composés aromatiques, les solvants chlorés étant exclus) ainsi que l'eau dans certaines formulations. [12]

- **Additifs technologiques**

En faible proportion (moins de 1%), ils permettent d'ajuster les propriétés du vernis. [12]

❖ **Propriétés des films de vernis**

- **Caractéristiques physiques**

Il s'agit des propriétés, parfois interdépendantes, touchant au comportement mécanique du métal verni, c'est-à-dire son aptitude aux opérations de formage et sa résistance aux contraintes mécaniques directes. On peut citer :

- L'adhérence
- La dureté
- La mobilité de surface (glissant)
- La souplesse ou flexibilité
- Le degré de contraintes liées au mode de fabrication des boîtes (l'emboutissage, par exemple, interfère sur la tenue des revêtements et peut nécessiter des précautions particulières)

- **Résistance chimique et physico-chimique**

Les produits alimentaires, à partir du moment où ils contiennent de l'eau, sont susceptibles d'interactions avec les métaux d'emballage par des phénomènes de corrosion que les vernis ont pour rôle de les minimiser.

Ces réactions sont très diversifiées dans leur mécanisme et leur cinétique ; elles dépendent des métaux utilisés, mais aussi du contenu et de son mode de conditionnement. On peut citer comme facteurs importants :

- l'acidité

- la présence d'oxygène
- la présence de composés catalysant certaines réactions (par exemple, les nitrates qui accélèrent la dissolution de l'étain sur le fer-blanc)
- la présence de dérivés soufrés et, notamment, les sulfures qui, avec le fer-blanc, peuvent déclencher des réactions dites de sulfuration (formation visuellement gênante de sulfures d'étain ou de fer).

L'efficacité de la protection par le vernis est le résultat d'un ensemble de caractéristiques et notamment :

- la continuité du film (absence de porosité)
- la perméabilité (par exemple aux sulfures)
- la résistance à la stérilisation pour les conserves (phénomène d'hydrolyse)
- la résistance aux acides (par exemple acide citrique ou acétique)

La résistance chimique sous ses différents aspects est aussi liée à la structure moléculaire des vernis. [12]

❖ **Principaux types de vernis et leurs utilisations**

En fonction des caractéristiques de la résine et de son utilisation, on choisit parmi plusieurs familles de polymères. Les plus courants sont les suivants :

• **Epoxy phénoliques**

Ces vernis sont obtenus par condensation de l'épichlorhydrine et du bisphénol A, puis par polymérisation. Les époxydes sont largement utilisés dans l'emballage métallique. Disponibles dans différentes gammes de masse moléculaire, ils permettent des combinaisons variées avec des résines couvrant une plage très large d'utilisation.

Les vernis époxy phénoliques de tonalité « or » sont actuellement les plus utilisés dans les boîtes pour conserves, avec des épaisseurs de film de 4 à 7µm.

Ils sont surtout utilisés pour le corps et le fond des boites trois pièces et pour les emboutis moyens en raison de l'équilibre qu'ils présentent entre souplesse et résistance. [12]

- **Epoxy aminoplastes**

Cette famille de vernis est élaborée par des résines époxydes réticulées avec des aminoplastes (résines urée-formol ou mélanine-formol).

Les époxy aminoplastes conviennent aux canettes alimentaires deux pièces en raison de leur inertie. Ils sont notamment utilisés pour le vernissage intérieur des boîtes pour boissons. [12]

- **Epoxy anhydrides**

Il s'agit d'une gamme à base d'époxydes utilisée principalement pour la formulation des vernis blancs (avec une pigmentation à l'oxyde de titane). Le niveau de souplesse et de résistance chimique permet de les utiliser pour les corps et fonds classiques (boîtes trois pièces) avec des épaisseurs de film de l'ordre de 10µm. [12]

- **Polyesters**

C'est une gamme très diversifiée où l'on exploite la possibilité de réaliser des revêtements très souples, en tonalité or ou blanc, avec une assez bonne inertie. Ils permettent notamment des formulations pour boîtes embouties– réembouties ou couvercles à ouverture facile et peuvent être associés en couches à d'autres vernis. [12]

- **Organosols vinyliques**

Cette famille regroupe des dispersions de PVC renforcés par d'autres résines qui permettent de former des films épais (plus de 10μm) très souples. Cette souplesse est exploitée pour des boîtes embouties ou des couvercles à ouverture facile. Ces vernis sont souvent utilisés sur une sous-couche époxy phénolique qui renforce la résistance chimique et la liaison avec le métal. [12]

Famille de vernis	Caractéristiques principales	Utilisation préférentielle
Epoxy phénolique	Equilibre souplesse/résistance	Corps et fonds trois pièces Emboutis moyens
Epoxy aminoplaste	Inertie	Boîtes deux pièces boissons
Epoxy anhydride	Equilibre souplesse/résistance Compatibilité au pigment TiO_2	Blanc intérieur Boîtes trois pièces
Polyester	Souplesse	Intérieur embouti Couvercle à ouverture facile
Organosol	Souplesse	Embouti profond Couvercle à ouverture facile

Tableau 4. Les principales familles de vernis ainsi que leur caractéristiques et utilisation

❖ **Méthodes d'évaluation du verni**

L'importance des vernis dans la qualité finale des emballages métalliques a conduit à développer de nombreuses méthodes d'essais, qu'il s'agisse du contrôle courant de production ou de méthodes pour la sélection et la mise au point de nouveaux vernis.

- **Evaluation physiques**
  - **Epaisseur du film :**

Le moyen le plus simple est de peser l'échantillon d'une surface donnée avant et après enlèvement du vernis.

- **Adhérence** :

Elle est vérifiée en routine par un test d'arrachement au ruban adhésif. [12]

- **Souplesse** :

C'est toujours l'ensemble métal + vernis que l'on teste en appliquant une déformation connue et en appréciant la dégradation éventuelle du revêtement. [12]

- **Porosité** :

Elle caractérise la continuité du revêtement après l'application et fabrication de l'emballage. On l'évalue généralement avec un porosimètre électrique en mesurant l'intensité du courant, à tension continue constante, passant entre une électrode et le métal verni mis au contact d'un électrolyte. [12]

- **Evaluation chimique et physico-chimique**
  - **Résistance à la stérilisation** :

On évalue la tenue du vernis dans un cycle simulant le traitement réel d'une boîte de conserve, par exemple 30 min à 130°C en milieu vapeur et eau. [12]

- **Inertie organoleptique** :

Elle est évaluée par des tests de dégustation appropriés aux produits à conditionner. [12]

- **Résistance chimique proprement dite** :

On procède par des tests relativement rapides (quelques jours) en utilisant des solutions synthétiques (par exemple, une solution d'acide lactique à 1% mise au contact du métal verni et soumise à un test de stérilisation). Le résultat est évalué de manière comparative par rapport à des vernis témoins.

Les interactions boîte-contenu en cours de stockage se traduisent par des réactions de corrosion avec des mécanismes et des conséquences variées tels que l'apparition de taches sur le vernis, élévation de la teneur en métaux dissous et effets éventuels sur la qualité gustative, dégagement d'hydrogène gazeux associé à la corrosion et pouvant provoquer, à terme, un gonflement des boîtes (bombage chimique), corrosion ponctuelle par piqûres pouvant évoluer vers la perforation. [12]

A.III. LA CONSERVATION

A.III.1. Définition

La conservation consiste à maintenir le plus longtemps possible, le plus haut degré de la qualité de la denrée, en agissant sur les divers mécanismes d'altération pour en ralentir ou en supprimer les effets.

La conservation d'un aliment résulte d'une optimisation réussie entre des impératifs dont les implications contradictoires sont difficiles à concilier : durée (impératifs du marketing et de la distribution), facteurs scientifiques et technologiques (impératifs de recherche et développement), coût (impératifs économiques et commerciaux), qualités de l'aliment (impératifs réglementaires, image de marque, exigences des consommateurs). [11]

A.III.2. Processus de la conservation

Le processus de la conservation se compose de cinq étapes (figure 4) :
- Étape1 : sélection des aliments appropriés, en les prenant à l'état optimum de maturité, suivie de la préparation de l'aliment proprement, rapidement et parfaitement avec le moins de dégâts et de perte sur le plan économique de l'opération.
- Étape 2 : conditionnement du produit dans des récipients à fermeture hermétique avec les technologiques appropriées, en éliminant l'air et en assurant l'étanchéité des récipients.

- Étape 3 : stabilisation de l'aliment par la chaleur pour détruit ou inhibe totalement les micro-organismes, toxines ou enzymes dont la multiplication altère la denrée conservée, et au même temps la correction du degré de stérilisation, suivi d'un refroidissement au-dessous de 38 ° C.
- Étape 4 : stockage à une température appropriée (35 ° C) pour empêcher la croissance des organismes d'altération des aliments.
- Étape 5 : étiquetage, emballage secondaire, distribution, commercialisation et consommation. [13]

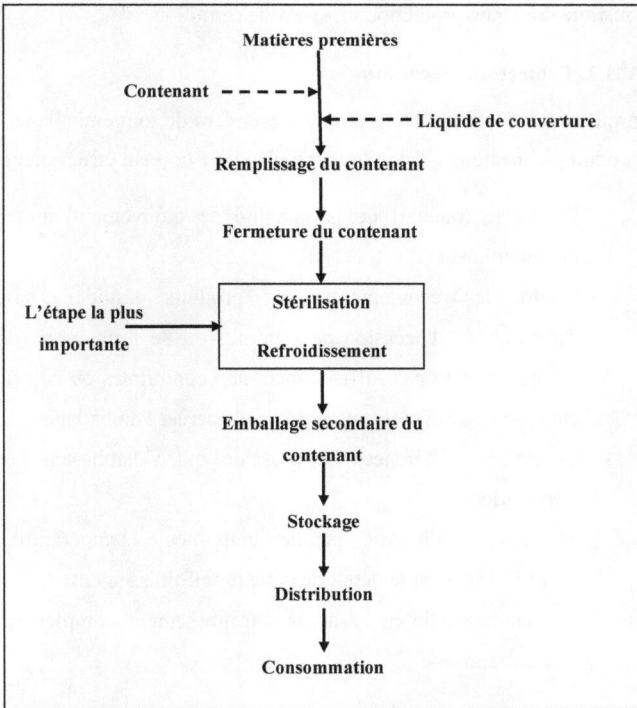

Figure 4. Schéma simplifié pour une ligne de mise en conserve

A.IV. COMPATIBILITE CONTENANT-CONTENU

L'emballage métallique par la nature de ses composants peut offrir une large gamme de protections. Cependant il peut être nécessaire, dans certains cas d'adapter le produit à l'emballage.

A.IV.1. Les protections fournies par l'emballage métallique

L'emballage est avant tout une barrière entre le produit et le milieu extérieur, et constitue donc une protection vis-à-vis de ce milieu.

A.IV.1.1. Protection mécanique

La protection mécanique est la fonction première de tout emballage ; en effet les produits alimentaires, selon leur état physique doivent être protégés :

- Contre le transfert de la quantité de mouvement, au cours des manutentions et du stockage.
- Contre les écoulements des produits liquides, susceptibles d'apparaître à l'occasion de soudures ou de fermetures (bouchons) qui ne résistent pas suffisamment aux contraintes ou à l'occasion de chocs avec des objets susceptibles de percer l'emballage.
- Contre les différences de pression qui s'établissent pendant la stérilisation :
  - ✓ Surpression interne : pendant la montée en température, le palier 115à 140°C et le début de détente refroidissement.
  - ✓ Dépression interne : après refroidissement complet et pendant l'entreposage.

En effet lors d'opérations mal conduites, des défauts peuvent apparaître, avec déformation permanente du métal (exemple : rentrée ou affaissement des corps par excès de pression externe relative. [14]

A.IV.1.2. Protection contre les transferts de matière

Transfert des liquides (imperméabilité) : Le problème de l'imperméabilité et de l'étanchéité (en particulier des soudures) aux produits liquides se pose surtout pour les nouveaux matériaux d'emballage, simples ou complexes.

Transferts des gaz : Aucun matériau n'est rigoureusement étanche aux gaz. En effet, la plupart des matériaux utilisés ont une porosité plus ou moins accentuée aux gaz. Au regard de ces transferts gazeux, l'emballage joue un double rôle :

1. D'une part, un rôle de barrière aux transferts de l'extérieur vers l'intérieur de l'emballage :
   - Barrière pour l'oxygène et pour la vapeur d'eau pour la protection des produits sensibles à l'oxygène (risques de développement de moisissures ou de bactéries aérobies ; risques d'oxydation ou de rancissement), ou sujet à la réhydratation
   - également pour toutes les substances volatiles pouvant être présentes dans l'environnement (hydrocarbures, fumées, parfums, ...) et susceptibles d'altérer les propriétés organoleptiques (goût, odeur) de l'aliment.

2. D'autre part, un rôle de barrière aux transferts inverses, de l'intérieur vers l'extérieur pour éviter :
   - La fuite des arômes spécifiques du produit ;
   - La déshydratation du produit, lorsque la formulation est celle d'un produit humide ou semi-humide (plats cuisinés, aliments à humidité intermédiaire) ;
   - La fuite des gaz ou mélange de gaz qui ont pu être introduits à l'intérieur de l'emballage pour la conservation du produit (CO_2, N_2, etc.).

L'étanchéité aux gaz n'étant jamais totale, un choix judicieux doit être fait entre les types de matériaux ou les combinaisons de matériaux afin d'atteindre l'objectif escompté tout en tenant compte du :

- Nature de produit
- Mode de conservation (froid, chaud,...)
- Conditions d'entreposage et de distribution du produit
- Durée de conservation [14]

A.IV.1.3. Protection contre les transferts d'énergie

Deux types de transfert d'énergie peuvent se produire du milieu extérieur vers le produit, à travers l'emballage (dont un des rôles sera de s'y opposer), et déclencher ou accélérer des processus chimiques ou microbiologiques d'altération.

✓ Transfert de l'énergie rayonnante : Lumière

De nombreux produits se révèlent être sensibles à la lumière (visible, et proche IR ou UV) qui initie des réactions photochimiques responsables entre autre d'altérations de couleur, de pertes de vitamines A et C. Pour ces produits, le rôle photoprotecteur de l'emballage est soit de filtrer les longueurs d'ondes gênantes, tout en laissant voir le produit, soit d'arrêter toute entrée de lumière comme pour les emballages opaques pour lesquels on compense en général l'absence de vision du produit par une image appropriée imprimée dessus.

✓ Transfert de chaleur (par rayonnement, convection et conduction)

De nombreux produits nécessitent pour leur conservation une relative stabilité de température. De ce fait, le caractère isolant d'un emballage est une caractéristique utile chaque fois que le récipient est soumis à des gradients de température dont certaines parties peuvent alors subir une augmentation localisée de température et de teneur en eau jusqu'à atteindre des valeurs dépassant les seuils critiques de bonne conservation. À l'inverse, une excellente conductibilité de la chaleur est recherchée pour les boites destinées à la stérilisation discontinue. [14]

A.IV.1.4. Protection contre les microorganismes présents dans l'atmosphère

Le maintien de la qualité hygiénique et microbiologique des aliments est l'un des rôles primordiaux de l'emballage alimentaire. D'une part, il constitue une barrière physique entre les produits emballés et les microorganismes présents dans l'air. D'autre part, il limite ou empêche les échanges gazeux susceptibles de favoriser le développement de la flore contenue encore dans l'aliment.

Exemple :

Appertisation :

Les boîtes de conserves utilisées pour des aliments appertisés présentent plusieurs avantages :

- Parfaitement étanches aux liquides, aux gaz et aux micro-organismes
- Résistants au traitement thermique subi
- Permettre la dilatation et la contraction de l'atmosphère intérieure du récipient pendant le chauffage et le refroidissement, sans bris ou éclatement : c'est le rôle du couvercle déformable des boites métalliques. [14]

A.IV.2. Les différents types d'interactions entre contenant-contenu

Malgré les différentes protections que fournie l'emballage métallique aux produits alimentaires celui-ci peut interagir avec eux. Ce qui peut donc modifier les caractéristiques organoleptiques et nutritionnelles essentielles des aliments et peut également influencer les propriétés mécaniques de l'emballage.

Les principaux types d'interaction contenant/contenu sont les suivants (Figure 5) [15]:

La Migration de substances présentes dans le matériau d'emballage vers le produit.

La perméabilité du gaz : O_2 vers l'aliment, CO_2 vers l'extérieur de l'emballage

La sorption (absorption ou adsorption) des constituants du produit par ou sur l'er

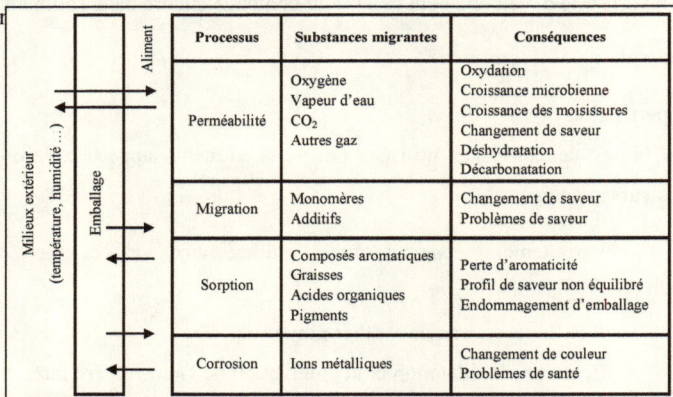

Processus	Substances migrantes	Conséquences
Perméabilité	Oxygène Vapeur d'eau CO_2 Autres gaz	Oxydation Croissance microbienne Croissance des moisissures Changement de saveur Déshydratation Décarbonatation
Migration	Monomères Additifs	Changement de saveur Problèmes de saveur
Sorption	Composés aromatiques Graisses Acides organiques Pigments	Perte d'aromaticité Profil de saveur non équilibré Endommagement d'emballage
Corrosion	Ions métalliques	Changement de couleur Problèmes de santé

Figure 5. Les interactions entre emballages métalliques et produits alimentaires

A.IV.2.1. Migration

La migration correspond au transfert des constituants de l'emballage vers l'aliment (il peut s'agir d'adjuvants technologiques, de monomères, d'oligomères, de pigments…).

La migration des composants d'emballage de faible poids moléculaire au produit contenu peut induire des problèmes de toxicité mais également des odeurs indésirables, une perte de saveur ou un changement de la couleur.

En plus, un matériau d'emballage qui subit une oxydation peut également accélérer l'oxydation des produits qui sont en contact avec lui.

Une distinction est généralement faite entre la migration globale et la migration spécifique. La **migration globale** se réfère au transfert total, c'est à dire, la quantité de toutes les substances migrantes de l'emballage vers l'aliment emballé, par contre la **migration spécifique** concerne le transfert d'une ou plusieurs substances identifiables qui sont les constituants d'emballage. [15]

Sachant que même les conditionneurs utilisateurs de l'emballage ne possèdent souvent que peu d'informations sur les adjuvants utilisés lors de différentes étapes de la chaîne de fabrication, la liste ci-dessous regroupe les produits les plus probables à migrer :

- Les constituants des polymères synthétiques :
    - les monomères résiduels tels que le styrène, l'acide téréphtalique… ;
    - les prépolymères comme les téréphtalates de mono ou dihydroxyéthyle ;
    - les oligomères qui proviennent d'une polymérisation incomplète, tel que le polystyrène de bas poids moléculaire.

- Les produits de dégradation des polymères synthétiques :

Les polymères peuvent se dégrader au cours du temps ou lors de leur mise en œuvre. Par exemple, la photooxydation des polyoléfines, comme l'hydrolyse des polyesters, fragmente les chaînes carbonées en de plus petites molécules plus facilement transférées, mais rarement caractérisées.

- Les adjuvants des polymères synthétiques ou naturels :
  - les agents nécessaires à la polymérisation, comme les tensioactifs, les catalyseurs… ;
  - des agents nécessaires à la mise en œuvre ou à l'utilisation, comme les antistatiques, les colorants… ;
  - les modificateurs de propriétés mécaniques, comme les plastifiants… ;
  - les agents de stabilisation tels que les antioxydants et anti-UV…. [16]

Dans notre cas d'étude, les composés du revêtement tel que les bisphénols (BADGE, BFDGE et leurs dérivés) sont les plus associés aux migrations dans les emballages métalliques à contact alimentaire. [17]

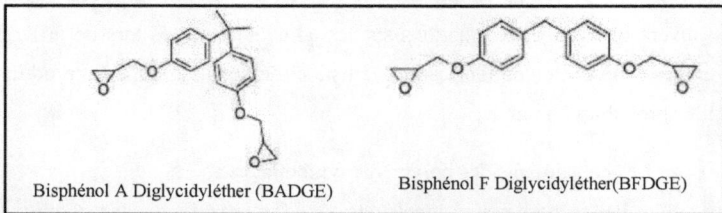

Bisphénol A Diglycidyléther (BADGE)   Bisphénol F Diglycidyléther(BFDGE)

Figure 6. Structure chimique du BADGE et du BFDGE

A.IV.2.2. Perméabilité

La perméabilité décrit le phénomène de solubilisation-diffusion de molécules volatiles venant de l'aliment et/ou de l'extérieur (gaz comme O_2, CO_2, N_2, He, vapeurs d'eau, composés d'arôme) au travers de l'emballage. La perméabilité nécessite au préalable la sorption des substances concernées. Les substances pouvant être adsorbées sont très diverses (pigments, acides, composés d'arôme…), elles présentent pour cela une affinité chimique avec la nature polymérique de l'emballage. Ainsi du fait de leur faible masse molaire, la sorption des composés d'arôme dans l'emballage se poursuit par leur diffusion dans le matériau, allant dans certains cas jusqu'à la traversée totale du matériau. La perméabilité peut ainsi provoquer des pertes d'arômes et donc des modifications des propriétés organoleptiques du produit.

En sens inverse, du milieu extérieur vers l'aliment, ce phénomène s'accompagne de détérioration des qualités de l'aliment. Ainsi la perméabilité à l'oxygène des matériaux d'emballage est un phénomène critique dans la conservation de l'aliment emballé. Elle peut provoquer le développement de micro-organismes ou des réactions d'oxydation. [15] [16]

A.IV.2.3. Sorption

La sorption désigne la migration de certains composants du produit vers l'emballage. Ce processus inclut donc les phénomènes d'adsorption, d'absorption, de diffusion et de dispersion du diffusant dans un volume libre. Le transport des diffusants dépend donc de leur propre aptitude à se mouvoir et de la mobilité des chaînes du polymère considéré. Mis à part les substances réagissant chimiquement sur les polymères (bases et acides forts par exemple), les molécules des contenus sont susceptibles de s'adsorber sur les parois de l'emballage, puis de pénétrer dans les polymères lorsque leur masse et leur encombrement stérique ne sont pas trop importants. Ce qui diminue la qualité perçue du produit en raison de la perte d'arôme ou du développement d'un profil de saveur asymétrique.

Un autre problème lié à la sorption des composants de saveur par des matériaux d'emballage est l'influence sur les caractéristiques de barrière de ces derniers (les matières grasses, par exemple, peuvent modifier le polymère en le pénétrant et donc en le gonflant). [15] [16]

Les composants des aliments qui peuvent être adsorbés sur l'emballage sont les pigments, les colorants, les arômes, les matières grasses…

Dans notre cas d'étude qui est l'harissa, les composants qui peuvent être adsorbés sur l'emballage sont les composés volatils des piments rouges ou des épices ajoutées (voir partie A.I.2.2.composition chimique de harissa), les capsaicinoïdes tels que la capsaicine (λmax= 282 nm) et la dihydrocapsaicine (λmax=228 nm) qui donnent le caractère piquant à l'harissa et les pigments qui existent naturellement dans le piment rouge tel que la capsanthine (λmax= 480 nm). [18][19]

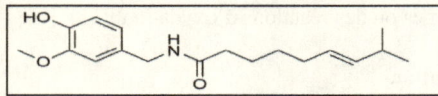

Figure 7.Structure chimique de la capsaicine

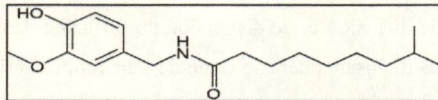

Figure 8.Structure chimique de la dihydrocapsaicine

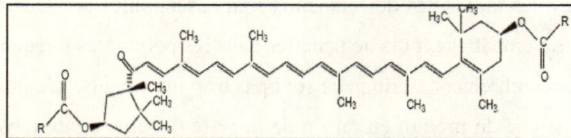

Figure 9. Structure chimique de la capsanthine (pigment majoritaire qui donne la couleur rouge aux piments)

A.IV.3. Les facteurs qui altèrent la compatibilité contenant-contenu

Du niveau qualitatif et quantitatif des facteurs d'environnement dépendent la ou les causes d'altération qui peuvent s'exprimer et qui seront prédominantes dans un processus de conservation donné, et la vitesse des réactions d'altération qu'elles entraînent.

Les différents facteurs qui jouent un rôle dans l'altération sont les suivants :

A.IV.3.1. Le facteur temps

Il introduit la notion de vitesse de réaction, dont la connaissance est indispensable, afin de déterminer la durée maximale probable de conservation. Ce facteur temps se traduit concrètement par la date limite ou conseillée de consommation ou de vente portée sur l'emballage des produits alimentaires. [20]

A.IV.3.2. Les facteurs température et quantité de chaleur

Ils ont bien sûr une extrême importance : un accroissement de la température, qui est une mesure de l'augmentation de l'agitation moléculaire, traduit un accroissement de l'énergie cinétique et de la probabilité des chocs entre molécules. Lorsque l'agitation et l'énergie disponible deviennent suffisantes pour que certaines liaisons soient rompues (notamment les liaisons hydrogène), il se produit des bouleversements dans les structures macromoléculaires.

La température est par ailleurs le paramètre essentiel de stabilité ou d'évolution des équilibres thermodynamiques. Ainsi, la stabilité des états physiques (émulsions, gels, états liquides/solides, état cristallin, état amorphe) dépend essentiellement de la température.

Les températures de bonne conservation sont indiquées sur les emballages et doivent être respectées par tous les acteurs de la chaîne alimentaire. [20]

A.IV.3.3. L'hygroscopicité

Elle s'exprime par la relation qui existe entre, d'une part, la teneur en eau de la substance, et d'autre part, l'activité de d'eau (aw) de la dite substance. Les échanges hygroscopiques sont bien entendu favorisés par l'état de division du système air/aliment dont dépendent les surfaces d'échanges, et donc les vitesses de transfert. [20]

A.IV.3.4. Le facteur pH

Il influence considérablement les activités enzymatiques et les développements microbiens ; les milieux acides étant en général favorables à une bonne conservation. [20]

A.IV.3.5. Le facteur teneur en oxygène et en gaz carbonique (composition de l'atmosphère en équilibre avec l'aliment)

Il intervient sur la nature du métabolisme (aérobie ou anaérobie) des microorganismes et des entités vivantes, et sur l'intensité des oxydations non enzymatiques et de certaines réactions d'oxydation enzymatiques. [20]

A.IV.3.6. Le facteur contrainte mécanique (pression, chocs, contraintes diverses)

Il peut être responsable de déformation, d'écrasement et/ou de cassure qui confèrent un aspect rédhibitoire au produit.

Considérant ces différents facteurs d'environnement et leur rôle dans la révélation ou la répression des causes d'altération, on conçoit le rôle primordial que joue l'emballage qui est avant tout une barrière entre un milieu intérieur (le produit alimentaire et ses causes intrinsèques d'altération) et le milieu extérieur porteur des « facteurs d'environnement » (figure 9). [20]

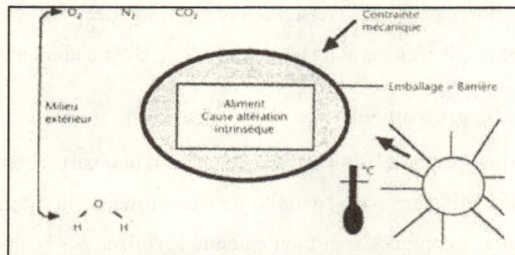

Figure 10. Les facteurs qui affectent les denrées alimentaires

En Conclusion, dans cette partie nous nous sommes intéressés aux emballages métalliques à contact avec les conserves ainsi que leur compatibilité avec eux. Dans ce qui suit nous allons traiter les essais de compatibilité contenant contenu concernant surtout les revêtements organiques utilisés à la face interne des boites de conserves ou des capsules métalliques des bocaux en verre.

Partie B :
ETUDE EXPERIMENTALE

B.I. MATERIELS

B.I.1.Réactifs

Tous les réactifs qui ont été utilisés dans ce travail sont de qualité analytique.
Ces produits sont représentés dans le tableau suivant :

Nom	Formule	Utilisation
Acide acétique à 3%	CH_3COOH	Simulant de harissa
Eau qualité HPLC	H_2O	Phase mobile de HPLC
Acétonitrile qualité HPLC	CH_3CN	Phase mobile de HPLC
Dichlorométhane	CH_2Cl_2	Extraction des composés de harissa
Chloroforme	$CHCl_3$	Extraction des composés de harissa

Tableau 5. Les réactifs utilisés au cours de ce travail

B.I.2.Sertisseuse

Les boites métalliques utilisées pour l'étude de migration ont été fermées par
une sertisseuse au sein de la société Boite Métallique de la Tunisie (BMT).

Figure 11. Sertisseuse

B.I.3.Balance

Une balance de marque Adam et de précision $\pm$ 0,0001g a été utilisée pour toutes les pesées réalisées au cours de ce travail

Figure 12. Balance

B.I.4.Etuve

Pour accélérer les interactions lors des essais de migration et de sorption certaines boites métalliques contenant de l'acide acétique et certains bocaux contenant de l'harissa ont été mis dans une étuve de marque Ecoocell réglée à 40°C.

Figure 13. Etuve réglée à 40°C

B.I.5.Dessiccateur

Le refroidissement des cristallisoirs a été réalisé dans un dessiccateur.

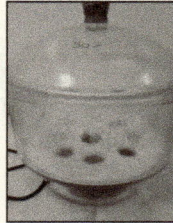

Figure 14. Dessiccateur

B.I.6.Plaque chauffante

L'évaporation de simulant a été faite par une plaque chauffante de température maximale 420°C.

Figure 15. Plaque chauffante

B.I.7. Spectromètre infrarouge à transformée de Fourrier

L'enregistrement des spectres IR a été réalisé avec un spectromètre à transformée de Fourrier de marque Nicolet équipé d'un accessoire ATR horizontal, à cristal en Germanium (Ge).

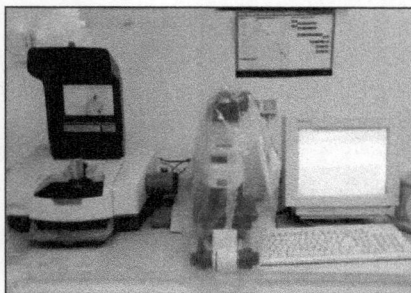

Figure 16. Spectromètre à transformée de Fourrier

B.I.8. Chromatographe en phase liquide haute performance (HPLC)

L'essai de migration spécifique a été réalisé avec une appareille chromatographie liquide de haute performance (HPLC) de marque Agilent équipée d'une boucle d'injection de 20 µl, d'un détecteur de fluorescence variable réglé sur $\lambda ex = 275$ nm et $\lambda em = 305$ nm et d'une colonne analytique en acier inoxydable 250×4 mm et de granulométrie 5 µm (MERCK SO983) en phase inverse garnie de gel de silice greffée C18.

Figure 17. Chromatographe en phase liquide haute performance (HPLC)

B.I.9.Chromatographe en phase gazeuse couplé à un spectromètre de masse (GCMS)

Les composés volatils de harissa ont été analysés par chromatographe en phase gazeuse couplé à un spectromètre de masse lors de l'étude de sorption.

L'appareil est de marque Agilent et elle est équipée d'un détecteur sélectif de masse et d'une colonne 19091S-433 HP-5ms de dimensions (30m-0,25 mm-0,25µm) et avec une phase stationnaire 5% phényl métyl siloxane.

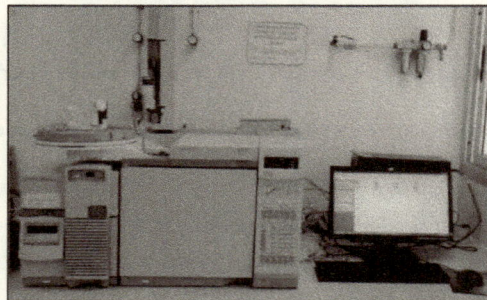

Figure 18. Chromatographe en phase gazeuse couplé à un spectromètre de masse

B.I.10.Spectrophotomètre UV-VIS

Lors de l'étude de la sorption des composés de harissa sur l'emballage, les mesures d'absorbance en UV-Visible ont été réalisées   par un spectrophotomètre UV- visible de type Cecil CE 3055.

Figure 19.Spectrophotomètre

B.II.METHODES

B.II.1. Choix des couples aliments-emballages et conditionnement

B.II.1.1.Le couple acide acétique-boite métallique

❖ **Choix du couple aliment-emballage**

Dans notre étude nous avons choisi l'harissa comme aliment à emballer. Mais Pour faciliter le travail lors de l'étude de la migration, nous avons remplacé l'harissa par un simulant choisi selon la norme européenne EN15136 et qui est l'acide acétique à 3%.

L'emballage qui a été choisi pour ce type de simulant était les boites métalliques de conserve vu que sur le marché la plupart des conserves de harissa se vendent en boites.

Les caractéristiques de ces boites sont les suivantes :

- capacité : 500 g
- diamètre : 73 mm

- matières premières : fer blanc pour le corps de la boite et fer chromé pour le couvercle
- revêtement organique intérieur : résine époxy phénolique pigmentée en blanc (TiO_2).

Figure 20. Boite métallique choisie pour l'étude de migration

❖ **Conditionnement**

Après la préparation de l'acide acétique à 3%, nous avons rempli les boites métalliques par 350 ml de ce simulant.

Ensuite nous avons fermé les boites par une sertisseuse au sein de la société boite métallique de Tunisie (BMT) à Korba qui nous a aussi fourni ces boites.

Enfin nous avons stocké la moitié des boites dans une étuve à 40 °C et l'autre moitié à température ambiante.

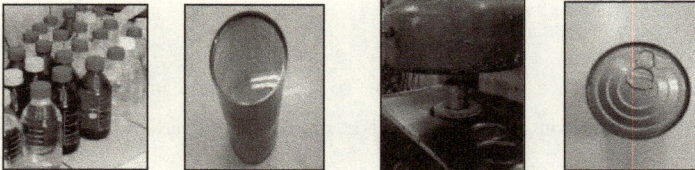

Figure 21. Les étapes de conditionnement dans les boites métalliques

B.II.1.2.Le couple harissa-bocal en verre avec capsule métallique
❖ Choix du couple aliment-emballage

Pour le contrôle de la sorption, nous avons préféré de travailler avec l'**harissa** elle-même afin de connaitre ses composants qui peuvent être adsorbés sur l'emballage.

Pour cela nous avons préparé différents échantillons de harissa comme suit :

Echantillons	Ingrédients et quantités (pour un pot de 200g)
1- harissa avec sel (témoin)	200g de piment rouge sec humidifié et haché /10g (càc) de sel
2-témoin + carvi	200g de piment rouge sec humidifié et haché/10 g (càc) de sel/10 g (càc) de carvi
3-témoin + coriandre	200 g de piment rouge sec humidifié et haché /10 g (càc) de sel /20 g (càs) de coriandre
4-témoin + ail	200 g de piment rouge sec humidifié et haché/10 g (càc) de sel /20 g d'ail (1tête d'ail)
5-harissa arbi	200 g de piment rouge sec humidifié et haché/10 g (càc) de sel /20 g (1tête d'ail) d'ail/10 g (càc) de carvi/20 g (càs) de coriandre
6-témoin + oignon	200 g de piment rouge sec humidifié et haché/10 g (càc) de sel/ 20 g d'oignon (1tête d'oignon)
7-hrouss	200g piment rouge sec humidifié et haché/10 g (càc) de sel /20 g oignon (1tête d'oignon)/30 g (càc) de carvi/60 g (càs) de coriandre/ 5g cannelle
8- harissa jerya (sauce de piment)	200 g de piment rouge frais cuit à la vapeur et haché/10 g de sel /100 g d'ail/ 50g de coriandre /5 g de carvi
9-témoin + menthe	200 g de piment rouge sec humidifié et haché/10 g (càc) de sel/100 g de menthe (1paquet)
10-témoin + rue	200 g de piment rouge sec humidifié et haché/10 g (càc) de sel/20 g (càs) de rue
11-harissa mayou	200 g de piment rouge sec non humidifié et haché/10 g (càc) de sel/150 g d'ail/50 g de carvi/70 g de coriandre/100 g de menthe/20 g (càs) de rue

Tableau 6. Composition des échantillons d'harissa utilisés lors de l'étude de sorption

Les différents échantillons représentés dans le tableau précédent ont été conservés dans des **bocaux en verre avec capsules métalliques** (puisqu'il est inerte vis-à-vis des aliments, le verre a été utilisé pour minimiser la migration des composés de vernis vers l'harissa et faciliter ainsi l'étude de sorption uniquement).

Les caractéristiques des bocaux et des couvercles sont les suivantes :

- boucaux :
  - capacité : 200g
  - diamètre : 55 mm
  - matière première : verre transparent non teinté

- capsules métalliques :
  - diamètre : 65 mm
  - matière première : fer blanc
  - revêtement organique interne : zone centrale en polyéthylène téréphtalate (PET) et d'une zone périphérique en polychlorure de vinyle (PVC)

Figure 22. Bocal en verre avec couvercle métallique choisi pour l'étude de sorption

❖ **Conditionnement**

Après la préparation de harissa, nous avons rempli chaque échantillon dans trois bocaux.

Ensuite nous avons stérilisé les boucaux par ébullition dans l'eau pendant une heure.

Enfin certains bocaux ont été conservés à température ambiante et les autres à 40°C dans une étuve.

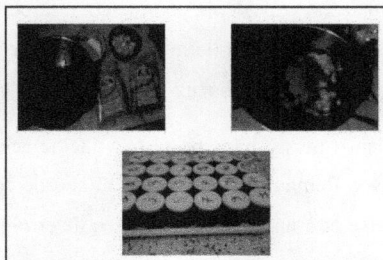

Figure 23. Les étapes de conditionnement dans les boucaux en verre avec capsules métalliques

B.II.2. Essais sur les boites métalliques

B.II.2.1. Identification de revêtement organique intérieur par spectrométrie infrarouge

Cet essai consiste à connaitre la nature de revêtement organique intérieur utilisé pour les boites métalliques.

En effets, les molécules subissent des mouvements de vibration internes (d'élongation et de déformation) et quand une lumière IR traverse l'échantillon, certaines liaisons absorbent de l'énergie pour changer de fréquence de vibration, faisant apparaître des bandes dans le spectre.

❖ **Mode opératoire**
- A l'aide d'un découpeur, couper une éprouvette de la partie mince de la boite de surface égale à environ 4 cm^2.
- Analyser la face interne de l'éprouvette par spectrométrie infrarouge.

B.II.2.2. Migration globale

Cet essai consiste à déterminer la migration globale des constituants non volatils de revêtement organique (vernis) intérieur des boites de conserve vers les denrées alimentaires.

La migration globale est considérée comme étant la perte de masse par unité de volume après contact de la boite métallique avec le simulant pendant une période de migration bien déterminée.

En effet le simulant (qui est dans notre cas l'acide acétique à 3%(m/v)) est mis en contact avec l'emballage (boite métallique de conserve) pendant une période bien précise et à une température bien déterminée. Après la fin de la migration le simulant est évaporé à sec, puis la masse du résidu sec est déterminé par différence de pesée et exprimé en unité de masse par unité de volume.

❖ **Mode opératoire**

• **Préparation de la solution d'acide acétique à 3%(m/v)**

- Dans une fiole de 1 L, remplir 200 ml d'eau distillée.
- Ajouter après 30 g d'acide acétique et agiter.
- Compléter par l'eau distillée jusqu'au trait de jauge.
- Mélanger énergétiquement la solution obtenue.

• **Mise en contact de simulant avec les boites de conserves**

- Prendre trois boites et les remplir avec le simulant qui est l'acide acétique à 3% jusqu'à 5 millimètre de bord.
- Fermer les boites à l'aide d'une sertisseuse.
- Pour l'essai à blanc : prendre deux flacons en verre et les remplir par le simulant.
- Conserver certaines boites à température ambiante et les autres dans une étuve à 40°C.

- **Préparation des cristallisoirs**
  - Prendre 5 cristallisoirs bien nettoyés et marqués (3 pour les boites et deux pour le blanc).
  - Mettre ces cristallisoirs dans une étuve à une température comprise entre 105 et 110 °C pendant 30 min $\pm$ 5 min pour les sécher.
  - Sortir les cristallisoirs de l'étuve et les laisser refroidir à température ambiante dans un dessiccateur.
  - Peser chaque cristallisoir et noter sa masse.
  - Remettre les cristallisoirs dans l'étuve et renouveler le cycle de chauffage refroidissement jusqu'à ce que la variation en masse de chaque cristallisoir soit inférieure à 0,5 mg.

- **Détermination de la migration**

Chaque 5jours on étudie la migration globale de 3 boites mises à température ambiante et 3 autres mises à l'étuve :
  - Prélever 200 ml de simulant de chaque boite et flacon.
  - Verser 50 ml de simulant prélevé dans un cristallisoir et le chauffer sur une plaque chauffante et sous la hôte jusqu'à évaporation d'une majeur partie de simulant.
  - Verser le simulant restant dans le cristallisoir et continuer le chauffage jusqu'à l'évaporation complète.
  - Mettre ces cristallisoirs dans une étuve à une température comprise entre 105 et 110 °C pendant 30 min $\pm$ 5 min pour sécher les résidus.
  - Sortir les cristallisoirs de l'étuve et les laisser refroidir à température ambiante dans un dessiccateur.
  - Peser chaque cristallisoir et noter sa masse.

- Remettre les cristallisoirs dans l'étuve et renouveler le cycle de chauffage refroidissement jusqu'à ce que la variation en masse de chaque cristallisoir soit inférieure à 0,5 mg.

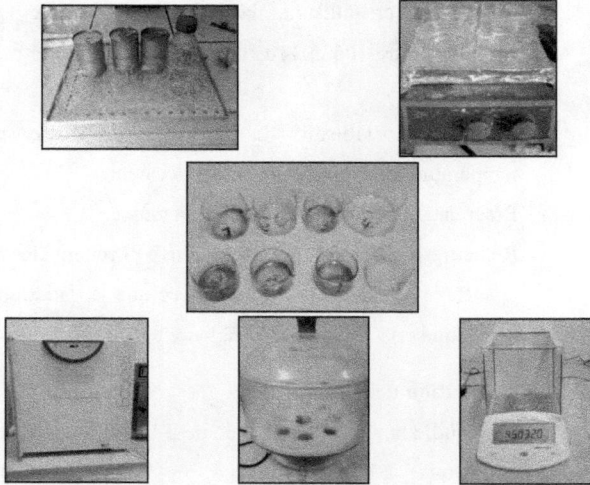

Figure 24. Les étapes d'essais de migration globale

La migration globale est calculée pour chaque boite à l'aide de la formule suivante :

$$MG = \frac{ma - mb}{V} \times 1000$$

MG : migration globale exprimée en mg/kg de simulant.

m_a : masse finale de cristallisoir après évaporation exprimé en g.

m_b : masse initiale de cristallisoir avant évaporation exprimé en g.

V : volume de simulant évaporé exprimé en litre.

N.B : un litre de simulant correspond à 1 kg, donc le résultat calculé pour chaque échantillon est à 1 mg/kg prés.

B.II.2.3. Migration spécifique

Les échantillons sont analysés par chromatographie liquide haute performance (HPLC) pour quantifier la somme de BADGE, de BFDGE et de leurs dérivés.

En effet la HPLC permet de séparer les composés d'un soluté suivant la nature des phases mobile et stationnaire utilisées et de les quantifier en utilisant une courbe d'étalonnage.

❖ **Conditions opératoires**

- température de colonne : 30°C
- débit : 1,1 ml/min
- volume d'injection : 20 µl
- gradient de concentration de l'éluant :

Temps (min)	% d'eau	% d'acétonitrile
0	80	20
10	65	35
25	50	50
45	50	50
60	0	100

❖ **Analytes** (voir structure dans annexe II)

- BADGE
- BADGE.H_2O
- BADGE.$2H_2O$
- BADGE.2HCl
- BADGE.HCl.H_2O
- BFDGE.$2H_2O$
- BFDGE.2HCl

❖ **Mode opératoire**

- **Préparation des solutions de travail**

✓ **Préparation des solutions mères de BADGE, BFDGE et de leurs dérivés dans de l'acétonitrile (500 μg/ml)**

- Peser à 0,1 mg prés environs 10 mg de chaque analyte (BADGE, BFDGE et de leurs dérivés) dans une série de fioles de 20 ml.
- Ajouter 16 ml d'acétonitrile.
- Placer les fioles dans un bain d'eau à ultrasons pendant 5 min pour dissoudre les substances.
- Laisser refroidir la solution à température ambiante et compléter la fiole avec de l'acétonitrile jusqu'au trait.
- Mélanger avec précaution.
- Calculer la concentration réelle de la substance en μg/ml de solution

✓ **Préparation de solution étalon intermédiaire de BADGE, BFDGE et de leurs dérivés dans de l'acétonitrile (10μg/ml)**

- Verser 0,4 ml de chacune de solutions mères dans une fiole de 20 ml.
- Compléter au trait de jauge avec de l'acétonitrile pour obtenir environ 10μg/ml de substance concentré.
- Calculer la concentration réelle des substances en μg/ml de solution

✓ **Préparation de solution étalon (gamme comprise entre 0,05μg/ml et 2μg/ml)**

- Transférer des volumes appropriés de la solution étalon intermédiaire dans une série de fioles de 20 ml pour obtenir une courbe d'étalonnage correspondante à la gamme comprise ente 0,05μg/ml et 2 μg/ml pour le BADGE, le BFDGE et leurs dérivés.

- Compléter au trait avec le simulant approprié et bien mélanger.
- Calculer la concentration réelle dans le simulant exprimé en µg/ml.

✓ **Préparation des échantillons de simulant aqueux**

A la fin de la période de migration, laisser refroidir les solutions à température ambiante pour qu'elles être ensuite analysées par HPLC.

✓ **Préparation des blancs de simulant aqueux**

A la fin de la période de migration, laisser refroidir les simulants d'aliments qui n'ont pas été en contact avec le matériau de revêtement pour qu'ils être ensuite analysés par HPLC.

- **Analyse HPLC**
  - Au début de mesurage, vérifier la stabilité de la ligne de base et la linéarité de la réponse du détecteur.
  - Maintenir les mêmes conditions de fonctionnement du système de HPLC pendant toute la durée des mesurages de l'ensemble des échantillons et des solutions d'étalonnage.

- **Etalonnage**
  - Injecter les solutions d'étalonnage appropriées.
  - Mesure les aires des pics obtenus pour le BADGE, BFDGE et de leurs dérivés.
  - Pour chaque substance, tracer une courbe d'étalonnage en reportant l'aire de pic en fonction de la concentration de la substance dans les solutions d'étalonnage.
  - Calculer le coefficient de corrélation et la limite de détection intra-laboratoire.
  -

- **Analyse des simulants**
  - Injecter les solutions des échantillons préparées (le blanc et le simulant après contact avec l'emballage).
  - Observer le chromatogramme et comparer les temps de rétention des pics avec les temps de rétention obtenus pour les solutions étalons.
  - Mesure les aires des pics obtenus pour le BADGE, BFDGE et de leurs dérivés.

B.II.3. Essais sur les capsules métalliques des bocaux en verre

B.II.3.1. Identification de revêtement organique intérieur par spectrométrie infrarouge

Cet essai consiste à connaitre la nature de revêtement organique utilisé pour la face interne de la capsule métallique.

En effets, les molécules subissent des mouvements de vibration internes (d'élongation et de déformation) et quand une lumière IR traverse l'échantillon, certaines liaisons absorbent de l'énergie pour changer de fréquence de vibration, faisant apparaître des bandes dans le spectre.

❖ **Mode opératoire**
  - A l'aide d'un découpeur, couper deux éprouvettes de la face intérieure de la capsule : une de la partie centrale et l'autre de la partie périphérique qui assure l'étanchéité.
  - Analyser les éprouvettes par spectrométrie infrarouge.

B.II.3.2. Contrôle de la sorption par gravimétrie

La méthode gravimétrique est l'une des méthodes les plus utilisées pour l'étude de la sorption d'un composant dans un matériau solide, et elle consiste à suivre l'évolution de la masse d'emballage après la mise en contact avec un aliment.

Le protocole consiste tout d'abord à choisir l'emballage, puis à le mettre en contact avec l'aliment. Après un temps précis, l'échantillon est essuyé, séché et pesé afin de calculer la différence de masse avant et après contact.

Le pourcentage de variation massique du couvercle après le contact avec l'harissa représente le taux de sorption.

❖ **Mode opératoire**

- Peser les couvercles métalliques des boucaux en verre avant la mise en contact avec l'harissa.
- Mettre en contact des couvercles avec l'harissa pendant un temps précis.
- Après l'écoulement de la période de sorption, peser à nouveaux les couvercles.

Le pourcentage de variation massique du couvercle après le contact avec l'harissa est calculé comme suit :

$$\Delta m = \frac{mt - m0}{m0} \times 100$$

Avec

Δm : pourcentage de variation massique exprimé en %.

m_0 : masse initiale de l'échantillon exprimée en g.

m_t : masse de l'échantillon après un temps d'exposition t, exprimée en g.

B.II.3.3. Contrôle de la sorption par chromatographie gazeuse couplée à la spectrométrie de masse (GCMS)

Les échantillons de harissa ainsi que les parties des couvercles en contact avec eux sont analysés par chromatographie gazeuse couplée à la spectrométrie de masse (GCMS) pour déterminer leurs compositions.

En effet la GCMS s'applique aux composés volatils ou susceptibles d'être volatilisés sans décomposition.

Cette méthode se base sur un couplage entre une méthode de séparation robuste et efficace (la chromatographie en phase gazeuse, la GC) et un détecteur sensible et sélectif (la spectrométrie de masse, la MS) pour déterminer la structure des composés présents dans un échantillon inconnu.

❖ **Conditions opératoires**
- volume d'injection 1 µl
- température de l'injecteur: 250C
- température de la source : 250°C
- mode d'ionisation de la source : ionisation électronique EI
- énergie : 70 eV,
- mode d'injection : split avec un rapport de 20 :1
- gaz vecteur : He à 1 mL/min
- température du four : maintenue à 50°C pour 2 min puis augmentée de 50°C à 280°C à 4°C/min et maintenue à 280°C pour 10 min.
- température du détecteur : 280°C

❖ **Mode opératoire**
- • **Préparation des échantillons**
  - ✓ **Extraction des composés d'harissa**
    - Extraire 0,5 g de harissa avec 5 ml de dichlorométhane dans une fiole pendant toute la nuit.
    - Prélever 1 ml d'extrait et le filtrer à l'aide d'une membrane de filtration en nylon de porosité 0,4 µm.
    - Reconstituer le filtrat avec 200 µl de chloroforme.
    - Prélever 10 µl de filtrat reconstitué avec le chloroforme et le diluer dans 1,8 ml de dichlorométhane pour être ensuite

utilisé pour une analyse GC / MS avec un volume d'injection de 1 μl.

✓ **Extraction des composés adsorbés sur la face interne de la capsule métallique de bocal en verre**

- Après 1 mois de stockage à température ambiante ou à 40°C, enlever le couvercle du bocal et le nettoyer avec du papier filtre.
- Ensuite nettoyer la surface interne avec un spray de dichlorométhane et puis le récupérer dans un flacon.
- Après enlever les parties en PVC du couvercle.
- Mettre les parties en PVC (~0,7g) dans un flacon hermétique bien nettoyé et ajouter 5 ml de dichlorométhane et le solvant récupéré précédemment (au total ~7 ml de dichlorométhane) et agiter le mélange.
- Fermer les flacons et les mettre dans le réfrigérateur pendant toute la nuit.
- Sortir les flacons de réfrigérateur pour qu'ils prennent leur température ambiante et puis les mettre en agitation dans un bain d'eau à ultrasons.
- A la fin d'extraction refroidir les flacons avant leurs ouverture par immersion dans de la glace pilée pendant 2 min.
- Prélever 1 ml d'extrait et le filtrer à l'aide d'une membrane de filtration en nylon de porosité 0,4 μm.
- Reconstituer le filtrat avec 200 μl de chloroforme.
- Prélever 100 μl de filtrat reconstitué avec le chloroforme et le diluer dans 1,8 ml de dichlorométhane pour être ensuite

utilisé pour une analyse GC / MS avec un volume d'injection de 1 μl.

- Réaliser le même protocole d'extraction avec une capsule n'ayant pas été mise en contact avec l'harissa pour identifier les pics des composés initialement présents dans le matériau.

Figure 25. Les extrais de harissa et des composés adsorbés sur les couvercles

B.II.3.4. Contrôle de la sorption par spectrométrie d'absorption ultraviolet-visible

Cet essai consiste à détecter les pigments colorés contenus dans l'harissa ainsi que ceux adsorbés sur la face interne du couvercle métallique de bocal en verre.

En effet après extraction de ces pigments, on fait balayer les échantillons dans un domaine spectrale ultraviolet-visible bien défini et lorsque ces derniers absorbent de l'énergie ils donnent une réponse se forme absorbance en fonction de la longueur d'onde. Cette réponse nous permet d'identifier les pigments migrants des échantillons d'harissa vers les faces internes des couvercles métalliques de bocaux en verre.

❖ **Conditions opératoires**
- Domaine spectrale : de 200 nm à 600 nm
- Minimum d'absorbance : 0
- Maximum d'absorbance : 3,5
- Vitesse de balayage : 10 nm/s

❖ **Mode opératoire**

Après extraction des pigments par le dichlorométhane (voir le protocole détaillé dans la partie (B.II.3.3) contrôle de sorption par chromatographie gazeuse couplée à la spectrométrie de masse GCMS) les extraits sont analysés par uv-vis.

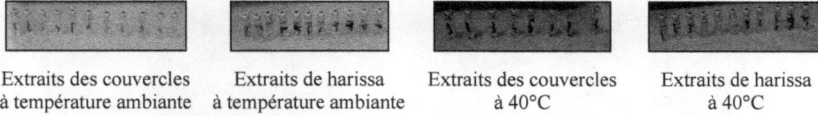

| Extraits des couvercles à température ambiante | Extraits de harissa à température ambiante | Extraits des couvercles à 40°C | Extraits de harissa à 40°C |

Figure 26. Les extraits de harissa et des couvercles analysés par spectrométrie d'absorption UV-VIS

B.III. RESULTATS ET INTERPRETATIONS

B.III.1.Résultats des essais sur les boites métalliques

B.III.1.1.Identification de revêtement organique intérieur par spectrométrie infrarouge

❖ **Résultats**

Après analyse d'une éprouvette de la face interne de la boite métallique, nous obtenons le spectre IR suivant :

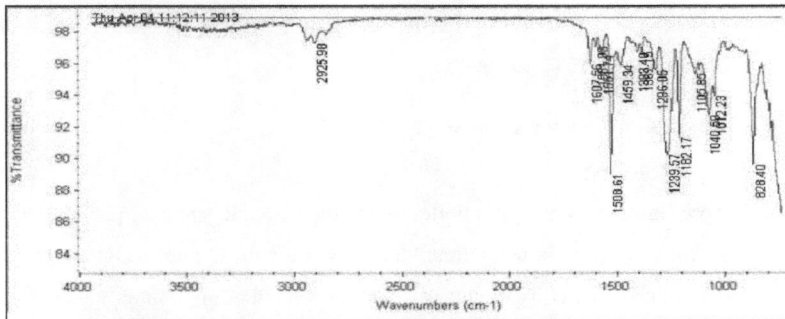

Figure 27. Spectre IR du revêtement organique intérieur de la boite métallique

❖ **Interprétation**

Le revêtement organique utilisé pour la face interne de la boite est de nature époxy phénolique :

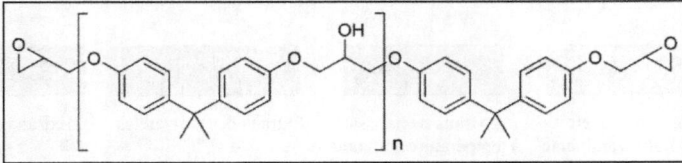

Figure 28. Structure d'un polymère époxyde

En effet nous avons dans le spectre IR de ce vernis des bandes qui caractérisent le cycle aromatique du groupement phényle (C=C aromatique élongation à l'ensemble des bandes allant de 1607,56 cm-1 à 1459,34 cm-1 avec une bande très remarquable à 1508,61cm-1 et Csp2-H aromatique déformation à 828,40 cm-1) et la liaison Φ-O du même groupement (C-O élongation à 1239,57 cm-1 et 1182,17 cm-1). D'autre part le spectre montre des bandes qui marquent le groupement époxy (Csp3-H élongation à 2925,98cm-1, CH2 déformation à 1382,40 cm-1, C-C élongation à 1105,85 cm-1 et C-O-C déformations à 1040,59 cm-1) et d'autres qui caractérisent le groupement diméthyle (Csp3-H élongation à 2925,98cm-1 et CH3 déformation à 1382,40 cm-1).

B.III.1.2. Migration globale

❖ **Résultats**

Après mise en contact des boites métalliques avec le simulant (acide acétique à 3%) que ce soit à température ambiante ou à 40°C pour des périodes bien déterminées, nous avons pu calculer les taux des migrations globaux. Les résultats sont représentés dans l'histogramme suivant :

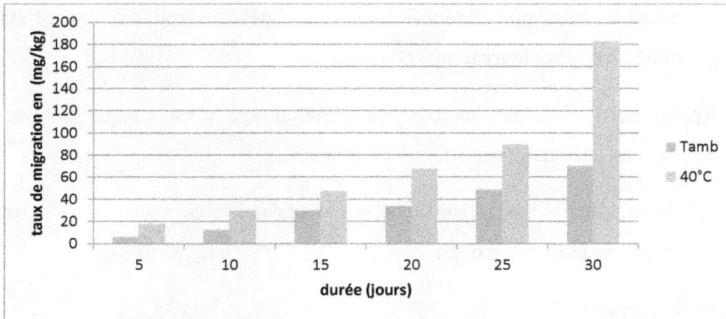

Figure 29. Histogramme des taux des migrations globales

❖ **Interprétation**

D'après l'histogramme obtenu, nous remarquons que le taux de migration augmente avec la durée d'incubation. Néanmoins il reste plus important à 40°C qu'à température ambiante pour toutes les périodes de migration.

En effet, le taux de migration n'a pas dépassé la limite fixée par la directive 2002/72 (voir annexe III) ; qui est de 72 mg/kg; pour toute la période d'essai à température ambiante. Mais ce taux a dépassé cette limite dés les vingt cinquième jours de migration dans le cas de conservation à 40°C ce qui montre que l'augmentation de la température accélère le phénomène de migration.

Donc pour diminuer les taux des migrations et assurer par conséquence une meilleure compatibilité entre le couple boite métallique et harissa, il faut stocker ce type de conserve à l'abri de la chaleur.

B.III.1.3. Migration spécifique

L'étude de migration spécifique par HPLC de certains composants de revêtement organique intérieur des boites métalliques nous a engendrés des chromatogrammes que nous interprétons ci-après.

Au premier lieu, nous identifions les analytes se trouvant dans l'étalon intermédiaire selon leurs temps de rétention.

Après, nous réalisons les courbes d'étalonnage pour chaque analyte en utilisant les chromatogrammes correspondants.

Puis nous traitons nos échantillons, en identifiant la composition et la teneur de chacun de leurs composés.

❖ **Résultats**

● **Etalon intermédiaire**

L'analyse de l'étalon intermédiaire donne le chromatogramme suivant :

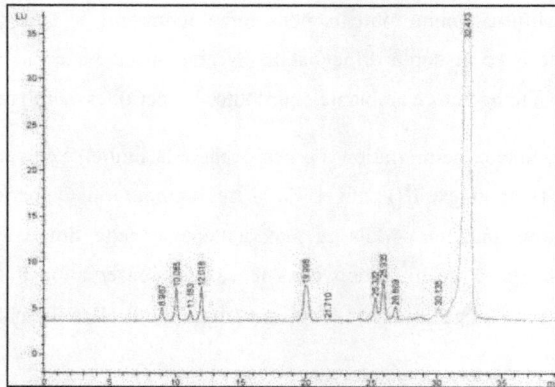

Figure 30. Chromatogramme de l'étalon intermédiaire

Le tableau suivant présente les analytes correspondants aux temps de rétention indiqués sur le chromatogramme précédent :

Temps de rétention en min	Analyte correspondant
8,987	p,p-BFDGE.2H$_2$O
10,085	o,p-BFDGE.2H$_2$O
11,183	o,o-BFDGE.2H$_2$O
12,018	BADGE.2H$_2$O
19,998	BADGE.HCl.H$_2$O
21,710	BADGE.H$_2$O
25,322	p,p-BFDGE.2HCl
25,935	o,p-BFDGE.2HCl
26,869	o,o-BFDGE.2HCl
30,135	BADGE.2HCl
32,413	BADGE

Tableau 7. Les analytes utilisés pour l'étude de la migration spécifique par HPLC

- **Gamme étalon**

En se basant sur les chromatogrammes de chaque étalon, nous mesurons les aires des pics de chaque analyte, nous réalisons une courbe d'étalonnage pour chacun et nous calculons les coefficients de corrélation ainsi que la limite de détection comme suit :

✓ **Chromatogrammes des étalons**

Le chromatogramme suivant est celui de l'étalon à la concentration 2.05µg/ml (Pour les autres chromatogrammes des étalons voir annexe IV)

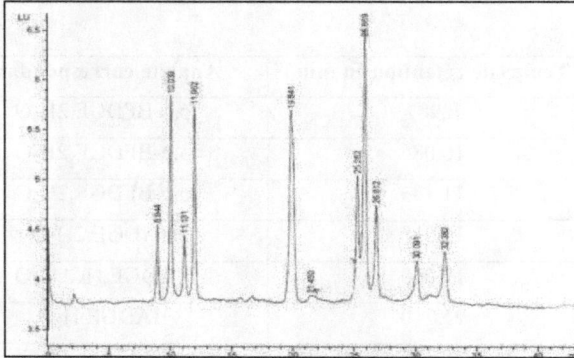

Figure 31.Chromatogramme de l'étalon de concentration 2,05 µg/ml

✓ **Tableau des valeurs**

	0,05 µg/ml	0,55 µg/ml	1,05 µg/ml	1,55 µg/ml	2,05 µg/ml	Coefficient de corrélation
p,p-BFDGE.2H₂O	0,49	2,55941	4,73377	6,88574	9,08424	0,9999479
o,p-BFDGE.2H₂O	0,28	5,74684	12,03159	18,186362	24,95601	0,9993640
o,o-BFDGE.2H₂O	0,59	2,88	5,177451	7,54934	9,92556	0,9999577
BADGE.2H₂O	0,42	6,20562	11,97925	18,189792	24,25779	0,9998765
BADGE.HCl.H₂O	1,13	11,90483	24,195785	36,62499	50,105007	0,9992396
BADGE.H₂O	0,32	1,55346	2,90051	4,13387	5,46428	0,9999067
p,p-BFDGE.2HCl	0,55	2,5084	4,65742	6,77865	9,03212	0,9997144
o,p-BFDGE.2HCl	1,01	7,39126	14,81239	22,3127	30,07004	0,9993920
o,o-BFDGE.2HCl	0,52	2,32073	4,188025	6,195297	8,24336	0,9996032
BADGE.2HCl	0,55	2,188069	3,9367	5,75907	7,68475	0,9995201
BADGE	0,38	3,19	6,0983439	9,11035	12,2316	0,9997842

(Première colonne verticale : Aires des pics de chaque analyte)

Tableau 8. Les résultats des gammes étalons de la HPLC

✓ **Courbes d'étalonnage**

La courbe suivante représente la courbe d'étalonnage deBADGE. (Voir les autres courbes d'étalonnage dans l'annexe IV).

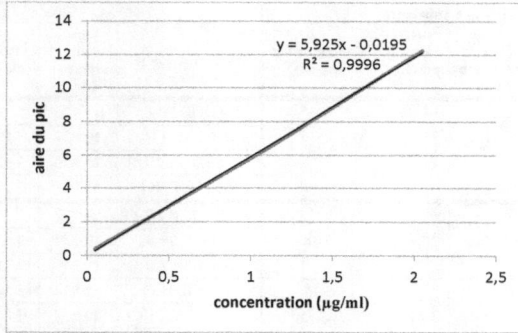

Figure 32. Courbe d'étalonnage de BADGE

✓ **Calcul des coefficients de corrélation et de limite de détection**

- **Coefficient de corrélation**
$$r = \frac{\sum(x - \bar{x}) * (y - \bar{y})}{\sqrt{\sum(x - \bar{x})^2} * \sqrt{\sum(y - \bar{y})^2}}$$

Avec : $\bar{x}$: moyenne sur les abscisses et $\bar{y}$: moyenne sur les ordonnées

Tout les coefficients de corrélation (voir tableau ci-avant) sont supérieur à 0,999 donc on a une corrélation parfaite et des courbes d'étalonnage linéaires.

- **Limite de détection LD :** $LD = \dfrac{3 * S}{a}$ Avec a : pente et S : écart type sur l'ordonnée à l'origine

La limite de détection calculée d'après les résultats trouvés est LD =0,106 µg/ml.

• **Echantillons**

En exploitant les chromatogrammes des échantillons (voir annexe IV), nous pouvons déduire les composants de chacun et les quantifier en projetant leurs aires sur les courbes d'étalonnage obtenues ci-avant. Les résultats sont résumés dans le tableau et les histogrammes suivants :

Période de migration (jours)	Température ambiante				40°C			
	Nom du composé	Temps de rétention (min)	Air du pic (LU)	Concentration (µg/ml)	Nom du composé	Temps de rétention (min)	Air du pic (LU)	Concentration (µg/ml)
10	BADGE.2HCl	30.092	1.06734	0.205	BADGE.2H$_2$O	11.926	2.19613	0.2
					BADGE.HCl.H$_2$O	19.839	4.12447	0.19
					o,p-BFDGE.2HCl	25.858	3.92719	0.28
					BADGE.2HCl	30.077	1.09887	0.21
20	P,p-BFDGE.2HCl	25.212	2.24117	0.48	o,o-BFDGE.2H$_2$O	11.779	1.79199	0.31
					BADGE.2H$_2$O	12.757	2.55913	0.235
					BADGE.HCl.H$_2$O	19.807	7.13937	0.335
	o,p-BFDGE.2HCl	25.870	2.76097	0.185	BADGE.H$_2$O	21.052	3.51298	1.33
					p,p-BFDGE.2HCl	25.238	7.86793	1.785
					o,p-BFDGE.2HCl	25.850	9.00321	0.66
	BADGE.2HCl	30.088	2.05466	0.5	o,o-BFDGE.2HCl	26.806	5.36098	1.23
					BADGE.2HCl	30.117	6.17819	1.66
					BADGE	31.040	4.20664	0.72
30	o,p-BFDGE.2H$_2$O	11.453	2.18187	0.22	p,p-BFDGE.2H$_2$O	9.879	1.05288	0.19
	BADGE.2H$_2$O	13.235	5.09046	0.49	o,p-BFDGE.2H$_2$O	11.469	3.32488	0.33
	BADGE.HCl.H$_2$O	18.958	4.34676	0.2	o,o-BFDGE.2H$_2$O	12.765	2.25292	0.4
	p,p-BFDGE.2HCl	25.112	4.19286	0.93	BADGE.2H$_2$O	13.302	15.80058	1.36
	o,p-BFDGE.2HCl	25.805	4.96386	0.37	BADGE.HCl.H$_2$O	19.512	9.35336	0.44
					BADGE.H$_2$O	21.003	5.26565	1.94
					p,p-BFDGE.2HCl	25.059	10.75275	1.97
	BADGE.2HCl	30.614	4.40170	1.18	o,p-BFDGE.2HCl	25.433	12.90826	0.93
					o,o-BFDGE.2HCl	26.956	7.45	1.85
	BADGE	31.555	4.67662	0.81	BADGE.2HCl	30.737	7.21078	1.92
					BADGE	31.765	6.76602	1.15

Tableau 9. Les résultats des échantillons analysés par HPLC

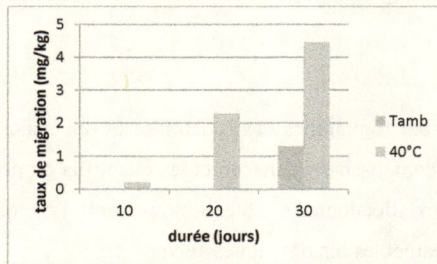

Figure 33. Histogramme des taux de migrations spécifiques du BADGE + BADGE.H$_2$O + BADGE.2H$_2$O en (mg/kg)

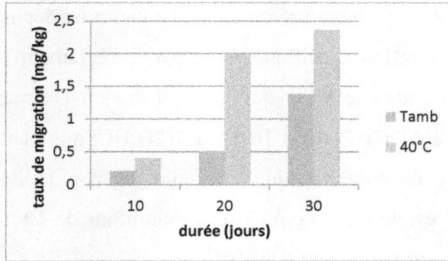

Figure 34. Histogramme des taux de migrations spécifiques du BADGE.2HCl + BADGE.H$_2$O.HCl en (mg/kg)

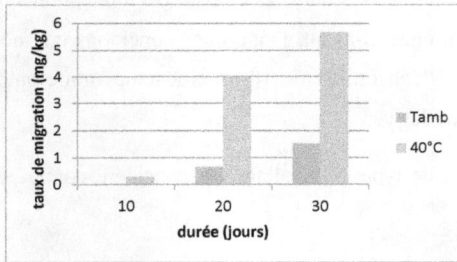

Figure 35. Histogramme des taux de migrations spécifiques des dérivés de BFDGE en (mg/kg)

❖ **Interprétation**

D'après les chromatogrammes et les résultats obtenus, nous remarquons tout d'abord que le nombre des composés migrants du vernis vers le simulant augmente continuellement avec la période de conservation que ce soit à température ambiante ou à 40°C. Mais pour chaque période de migration, le nombre des composés migrants est plus important à 40°C qu'à température ambiante ce qui signifie que la température accélère la migration et ceci confirme les résultats obtenus pour la migration globale.

D'autre part, nous remarquons d'après les histogrammes obtenus que la somme des migrations de BADGE, BADGE.H$_2$O et BADGE.2H$_2$O augmente avec la durée et la température de conservation et ne dépasse au n'aucun cas la limite de migration spécifique fixée par le règlement européen (CE) N° 1895/2005 (voir annexe V) et qui est de 9 mg/kg. Du même la somme des migrations de BADGE.2HCl + BADGE.H2O.HCl augmente avec la durée et la température de conservation, mais elle dépasse la limite de migration spécifique qui est de 1 mg/kg pour les échantillons de 20 jours à 40°C, de 30 jours à température ambiante et à 40°C.

Par ailleurs, nous constatons que la somme des migrations des dérivés de BFDGE augmente avec la durée et la température de conservation, mais l'existence de ces dérivés dans les emballages alimentaires est interdite par la réglementation citée ci-avant. Donc nous concluons que nos échantillons ; à l'exception de l'échantillon de 10 jours à température ambiante ; sont hors norme pour ces dérivés.

Et de ce faite, de type d'emballage est considéré comme non compatible à notre aliment.

B.III.2. Résultats des essais sur les capsules métalliques des bocaux en verre

B.III.2.1. Identification de revêtement organique intérieur par spectrométrie infrarouge

- **Partie centrale du couvercle**

Après analyse d'une éprouvette de la partie centrale de la face interne du couvercle, nous obtenons le spectre IR suivant :

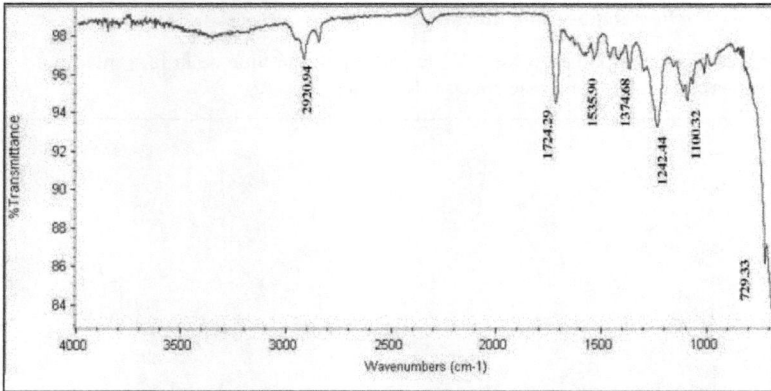

Figure 36. Spectre IR de la partie centrale de la face interne du couvercle métallique

Interprétation

Le revêtement organique utilisé pour la partie centrale de la face interne du couvercle métallique est le polyéthylène téréphtalate (PET) qui a la formule chimique développée suivante :

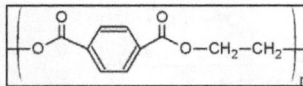

Figure 37. Structure de PET

En effet nous avons dans le spectre IR de cette partie de couvercle des bandes qui caractérisent la fonction ester de groupement téréphtalate (C=O élongation à 1724,29 cm-1 et C-O élongation à 1242,44 cm-1) et le cycle aromatique de même groupement (C=C aromatique élongation à 1535,90 cm-1et Csp2-H aromatique déformation à 729,33 cm-1) et d'autres bandes qui marquent le groupement éthylène (Csp3-H élongation à 2920,94cm-1, C-C élongation à 1100,32 cm-1 et CH2 déformation à 1374,68 cm-1).

- **Partie périphérique du couvercle**

Après analyse d'une éprouvette de la partie périphérique de la face interne du couvercle, nous obtenons le spectre IR suivant :

Figure 38. Spectre IR de la partie périphérique de la face interne du couvercle métallique

Interprétation

La partie périphérique de la face interne du couvercle métallique qui assure son étanchéité est constituée de polyvinyle chloré qui a la formule chimique développée suivante :

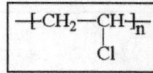

Figure 39. Structure de PVC

En effet le polyvinyle chloré est caractérisé par la liaison C-Cl qui vibre à 766.31 cm-1, aussi par la liaison Csp3-H qui est marquée par une bande d'élongation à 2919.39 cm-1 et des bandes de déformation pour CH2 à 1426.48 cm-1 et pour CH à 1242.18 cm-1 et encore par la liaison C-C qui est identifiée par une bande d'élongation à 1085.06 cm-1.

B.III.2.2. Contrôle de la sorption par gravimétrie

Après mise en contact de l'harissa avec les couvercles métalliques des bocaux en verres, nous avons contrôlé la sorption par la méthode gravimétrique et les résultats sont présentés ci-après :

- ❖ **Résultats**
- **Sorption à température ambiante**

Echantillon	Couvercle après contact	Masse avant contact (m0)	Masse après contact (mt)	Pourcentage de variation massique du couvercle (Δm) en %
1		8.6080	8.6722	0,74
2		8.7441	8.8270	0,94
3		8.7122	8.7911	0,90
4		8.5993	8.6582	0,68
5		8.6055	8.6807	0,87
6		8.5920	8.7603	1,80
7		8.6125	8.7472	1,56
8		8.7012	8.7140	0,15
9		8.6620	8.8058	1,66
10		8.6927	8.8475	1,78
11		8.6339	8.6728	0,45

Tableau 10. Taux de sorption sur les couvercles métalliques à température ambiante

- **Sorption à 40°C**

Echantillon	Couvercle après contact	Masse avant contact (m_0)	Masse après contact (m_t)	Pourcentage de variation massique du couvercle (Δm) en %
1		8.6080	8.7895	2,10
2		8.4779	8.6381	1,89
3		8.7122	8.8648	1,75
4		8.7166	8.8387	1,40
5		8.6055	8.7455	1,63
6		8.5920	8.9619	4,30
7		8.3815	8.6497	3,20
8		8.7796	8.8086	0,33
9		8.3455	8.6701	3,89
10		8.3910	8.7233	3,96
11		8.9119	8.9859	0,83

Tableau 11. Taux de sorption sur les couvercles métalliques à 40°C

- **Histogramme de comparaison des taux de sorptions**

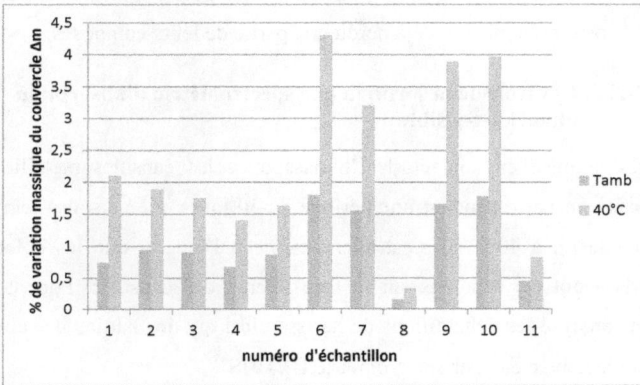

Figure 40. Histogramme des taux de sorption sur les couvercles métalliques

❖ **Interprétation**

D'après les résultats et l'histogramme obtenus, nous remarquons que la masse du couvercle a augmenté après mise en contact avec tous les échantillons que ce soit à température ambiante ou à 40°C et ceci confirme que certains composants de harissa sont adsorbés sur la face interne du couvercle. Mais, il est clair qu'à 40°C la sorption est plus importante qu'à température ambiante ce qui signifie que la température accélère le phénomène de sorption.

Par ailleurs, nous observons que la sorption est très élevée pour les échantillons 6, 7, 9 et 10 qui contiennent des composés humides (tel que l'oignon, la rue et la menthe) autres que les piments et ceci se confirme par le faible taux de sorption de l'échantillon 11 qui contient des piments secs non humidifiés au contraire des autres échantillons. Donc nous concluons que la sorption augmente avec l'humidité.

D'autre part, nous remarquons que l'échantillon 8 a le taux de sorption le plus faible et ceci dû au fait que les piments utilisés pour cet échantillon sont cuits à la vapeur donc, ils ont déjà perdu une partie de leurs composés.

B.III.2.3. Contrôle de la sorption par spectrométrie d'absorption ultraviolet-visible

Après la mise en contact de l'harissa avec les capsules métalliques des boucaux en verre pendant une période de 30 jours que ce soit à température ambiante ou à 40°C, il s'est avéré même à l'œil nu que les colorants de l'harissa ont été adsorbés sur la face interne des capsules. Pour cela nous avons analysé les échantillons de harissa ainsi que les parties des couvercles en contact avec eux par spectrométrie UV-VIS.

Les résultats obtenus sont sous frome des spectres d'absorbance (voir annexe VI) à partir des quels nous avons pu identifier les composés adsorbés sur l'emballage en fonction de leurs longueurs d'ondes (λ max) au maximum d'absorbance.

❖ **Résultats**

Les tableaux suivants englobent tous les résultats à température ambiante et à 40°C :

- **Sorption à température ambiante**

Numéro de l'échantillon	Partie analysée			
	Harissa		Couvercle	
	λ_{max} (nm)	Nom du composé	λ_{max} (nm)	Nom du composé
1	240	dihydrocapsaicine	240	dihydrocapsaicine
	280	Capsaicine	304	dioxyde de titane
			480	Capsanthine
2	237	dihydrocapsaicine	237	dihydrocapsaicine
	480	Capsanthine	480	Capsanthine
3	240	dihydrocapsaicine	237	dihydrocapsaicine
	480	Capsanthine	304	Dioxyde de titane
			480	Capsanthine
4	240	dihydrocapsaicine	228	dihydrocapsaicine
	480	Capsanthine	480	Capsanthine
5	240	dihydrocapsaicine	237	dihydrocapsaicine
	480	Capsanthine	480	Capsanthine
6	240	dihydrocapsaicine	237	Dihydrocapsaicine
	280	Capsaicine	304	dioxyde de titane
			480	Capsanthine
7	240	dihydrocapsaicine	240	dihydrocapsaicine
	480	Capsanthine	304	dioxyde de titane
			480	Capsanthine
8	240	dihydrocapsaicine	237	dihydrocapsaicine
	480	Capsanthine	304	dioxyde de titane
9	240	dihydrocapsaicine	237	dihydrocapsaicine
	480	Capsanthine	304	dioxyde de titane
			480	Capsanthine
10	237	dihydrocapsaicine	240	dihydrocapsaicine
	480	Capsanthine	480	Capsanthine
11	240	dihydrocapsaicine	237	dihydrocapsaicine
	480	Capsanthine	304	dioxyde de titane

Tableau 12. Résultats de contrôle de sorption à température ambiante par UV-VIS

- **Sorption à 40°C**

	Partie analysée			
	Harissa		Couvercle	
Numéro de l'échantillon	λ_{max} (nm)	Nom du composé	λ_{max} (nm)	Nom du composé
1	237	dihydrocapsaicine	237	dihydrocapsaicine
	304	dioxyde de titane	282	capsaicine
	480	Capsanthine	480	Capsanthine
2	237	dihydrocapsaicine	237	dihydrocapsaicine
	480	Capsanthine	282	capsaicine
			480	Capsanthine
3	230	dihydrocapsaicine	230	dihydrocapsaicine
	480	Capsanthine	280	capsaicine
			480	Capsanthine
4	230	dihydrocapsaicine	228	dihydrocapsaicine
	480	Capsanthine	282	capsaicine
			480	Capsanthine
5	228	dihydrocapsaicine	228	dihydrocapsaicine
	304	dioxyde de titane	280	capsaicine
	480	Capsanthine	480	Capsanthine
6	228	dihydrocapsaicine	228	dihydrocapsaicine
	304	dioxyde de titane	304	dioxyde de titane
	480	Capsanthine	480	Capsanthine
7	237	dihydrocapsaicine	237	dihydrocapsaicine
	304	dioxyde de titane	304	dioxyde de titane
	480	Capsanthine	480	Capsanthine
8	237	dihydrocapsaicine	237	dihydrocapsaicine
	304	dioxyde de titane	480	Capsanthine
	480	Capsanthine		
9	237	dihydrocapsaicine	237	dihydrocapsaicine
	304	dioxyde de titane	304	dioxyde de titane
	480	Capsanthine	480	Capsanthine
10	228	dihydrocapsaicine	237	dihydrocapsaicine
	480	Capsanthine	304	dioxyde de titane
			480	Capsanthine
11	228	dihydrocapsaicine	237	dihydrocapsaicine
	480	Capsanthine	304	dioxyde de titane

Tableau 13. Résultats de contrôle de sorption à 40°C par UV-VIS

❖ **Interprétation**

Pour les échantillons conservés à température ambiante les composés adsorbés sur la face interne de la capsule sont soit les capsaicinoïdes responsables de caractère piquant de piment tel que la « dihydrocapsaicine » ou bien le pigment majoritaire de l'harissa qui est la « capsanthine ». Ce dernier est absent dans les couvercles des échantillons 8 et 11 et ceci confirme le manque de coloration rouge de ces derniers par rapport aux couvercles des autres échantillons :

Echantillon 8   Echantillon 11   Autre échantillon

Cette dernière observation confirme les interprétations ; déjà faites dans la partie contrôle de sorption par gravimétrie ; qui concernent l'augmentation de sorption avec l'humidité et sa diminution après cuisson.

Parlant maintenant des échantillons conservés à 40°C, les capsules de ces derniers ont été adsorbées ; comme dans le cas de ceux à température ambiante ; soit par capsaicinoïdes tels que la « capsaicine » et la « dihydrocapsaicine » ou bien le pigment majoritaire de l'harissa qui est la « capsanthine ».

Mais ce que diffère dans ce cas c'est l'apparition de la capsaicine dans plusieurs capsules mais aussi la présence de la capsanthine dans le couvercle d'échantillon 8.

Par ailleurs, on remarque pour la majorité des échantillons (1 ; 5 ; 6 ; 7 ; 8 ; 9 et 11) une diffusion du pigment blanc « dioxyde de titane TiO_2 » ; utilisé pour la coloration de la face interne du couvercle ; vers l'harissa chose qui n'est pas évoquée dans le cas de la conservation à température ambiante.

Ces interprétations confirment l'existence des interactions entre le couple emballage-aliment et l'accélération de ces dernières par effet de températures.

B.III.2.4. Contrôle de la sorption par GCMS

Après le contrôle de la sorption de certains pigments par spectrométrie UV-VIS, nous avons contrôlé les substances de harissa qui sont volatiles ou susceptibles de l'être par GCMS dans le but de voir la possibilité de leurs sorption sur la face interne de couvercle.

Tout d'abord nous avons obtenu des chromatogrammes par la chromatographie en phase gazeuse (voir les chromatogrammes dans l'annexe VII).

Après nous avons identifié les pics, en se basant sur la base de donnée que fournie la spectrométrie de masse.

❖ **Résultats**

Nous représentons ci-après les résultats pour les échantillons qui ont été conservés à température ambiante (pour les autres échantillons à 40°C voir annexe VII)

• **Echantillons de harissa à température ambiante**

T$_R$ (min)	Composé	Echantillons										
		1	2	3	4	5	6	7	8	9	10	11
4.744	2-Hexene, 3,5,5-trimethyl-	+	+	+	+	+	+	+	+	+	+	+
8.092	2,4,4-Trimethyl-1 -hexane	+	+	+	+	+	+	+	+	+	+	+
10.907	Limonene		+	+	+	+	+	+	+	+	+	+
12.686	Diallyl disulphide			+								
13.445	Linalol				+							
18.531	Carvone		+									
19.423	Cinnamaldehyde,(E)-											
20.422	Trisulfide, di-2-propenyl											
30.230	Hexanedioic acid, dipropyl ester	+	+		+	+						
37.800	Adipic acid, isohexyl 2-methoxyethyl ester	+	+	+	+	+						
38.794	Cyclohexanecarboxylic acid, decyl ester	+	+	+	+							
39.098	4,5,6- Trimethyltetrahydro 1,3- oxazine-2-thione				+							
39.194	n-Hexadecanoic acid	+	+		+	+	+	+	+			+
43.319	Oleic Acid		+		+	+		+		+	+	+
43.938	Decanedioic acid, dibutyl ester						+					
44.537	Butyl citrate	+	+	+	+	+			+			
44.654	Nonadecane	+										
45.274	Adipic acid, butyl octyl ester	+	+		+	+	+	+	+	+	+	+
45.397	Adipic acid, 2-methoxyethyl octyl ester	+	+		+	+	+	+	+	+	+	+
49.409	Adipic acid, decyl 2-methoxyethyl ester	+	+		+	+	+	+	+	+	+	+
51.193	6,6-Dibutoxyhexandic acid, butyl ester	+	+	+	+	+	+	+	+	+	+	+
51.653	Hexanedioic acid, dioctyl ester	+	+	+	+	+	+	+	+	+	+	+
52.224	capsaicin	+	+		+	+	+	+				
52.587	Dihydrocapsaicin	+	+	+	+	+	+	+	+	+	+	+
58.400	1,3-Dioxane, 4-(hexadecyloxy)-2-pentadecyl-,			+							+	+
67.060	Cyclopropanetetradecanoic acid, 2-octyl-, methyl ester	+	+	+	+	+	+	+	+	+	+	+

Tableau14. Les composés des échantillons de harissa identifiables par GCMS

• Couvercles à température ambiante

T$_R$ (min)	Composé	Echantillons										
		1	2	3	4	5	6	7	8	9	10	11
3.893	1-Ethyl-2-(4-methylpentyl) cyclopentane		+	+								
3.898	2-Nonenal, (E)-				+							
4.744	2-Hexene, 3,5,5-trimethyl-	+	+	+	+		+	+		+		+
7.216	(S)-3-Ethyl-4-methylpentanol		+	+	+				+			
7.221	2,3,3-Trimethyl-1-hexene	+	+	+	+						+	
8.092	2,4,4-T rimethyl-1 –hexene	+	+	+		+	+	+	+	+		+
8.322	1-Hexene, 4,5-dimethyl-	+		+	+							
10.907	Limonene		+						+			+
12.686	Diallyl disulphide								+			+
13.445	Linalol								+			+
14.770	Hexane,3,methoxy-							+				+
16.506	3-vinyl-1,2-dihiacyclohex-4-ene											+
17.388	3-vinyl-1,2-dihiacyclohex-5-ene							+				+
18.531	Carvone						+	+				+
19.423	Cinnamaldehyde,(E)-	+				+		+				
20.422	Trisulfide, di-2-propenyl								+			+
34.194	Dodecanamide							+	+			+
37.800	Adipic acid, isohexyl 2-methoxyethyl ester											+
39.098	4,5,6- Trimethyltetrahydro 1,3- oxazine-2-thione							+	+			+
39.194	n-Hexadecanoic acid											+
43.319	Oleic Acid											+
43.949	1-Propene-1,2,3-tricarboxylic acid, tributyl ester	+	+			+	+	+	+	+	+	+
44.056	Decanedioic acid, dibutyl ester	+	+			+	+	+	+	+	+	+
44.179	Hexadecanamide	+	+	+	+	+	+	+	+	+	+	+
44.537	Butyl citrate	+	+	+	+	+	+	+	+	+	+	+
44.654	Nonadecane	+	+					+	+	+		+
45.274	Adipic acid, butyl octyl ester	+	+	+	+	+	+	+	+	+	+	+
45.397	Adipic acid, 2-methoxyethyl octyl ester	+	+	+	+	+	+	+	+	+	+	+
46.166	Tributyl acetylcitrate	+	+	+	+	+	+	+	+	+	+	+
48.020	9-Octadecenamide, (Z)	+	+	+	+	+	+	+	+	+	+	+
48.544	Octadecanamide	+	+	+	+	+	+	+	+	+	+	+
49.409	Adipic acid, decyl 2-methoxy ethyl ester	+	+	+	+	+	+	+	+	+	+	+

50.242	Dodecanoic acid, tetradecyl ester										+
50.648	Trans-13-docosenamide										+
51.193	6,6-Dibutoxyhexanamide	+			+						+
51.653	Hexanedioic acid, butyl ester			+	+		+	+			+
52.587	Dihydrocapsaicin	+		+	+	+	+	+			+
54.233	Hexadecanoic acid, 2,3-bis (acetyloxy) propyl ester	+		+	+	+	+	+	+		+
55.259	Decyl octyl adipate	+		+	+	+	+	+	+		+
55.910	13-Docosenamide, (Z)-	+		+	+	+	+	+	+		+
57.604	Octadecenoic acid, 2-(acetyloxy)-1-[(acetyloxy) methyl] ester	+		+	+	+	+	+	+	+	+
58.400	1,3-Dioxane, 4-(hexadecyloxy)-2-pentadecyl-	+		+	+	+	+	+	+	+	+
59.436	Trans-13-octadecanoic acid							+	+	+	+
60.131	7-methyl-Z-tetradecan-1-ol acetate					+	+	+	+	+	+
60.681	Stearic acid, 3-(octadecyloxy) propyl ester										+
60.703	2-Cyclopropyl carbonyloxy tetradecane							+			+
60.799	Eicosanoic acid, 2,3-bis (acetyloxy) propyl ester	+		+	+	+	+	+	+	+	+
61.969	9-Octadecenoic acid(Z)-2,3- bis (acetyloxy) propyl ester	+		+	+	+	+	+	+	+	+
58.624	Adipic acid, decyl 2-octyl ester	+		+	+	+	+	+	+	+	+
62.091	9-Octadecenoic acid (Z)-, 2-hydroxy-3-[(1-oxohexadecyl)oxy]propyl ester	+	+	+	+	+	+	+	+	+	+
62.118	9-Octadecenoic acid (Z), 2,3-bis (acetyloxy) propyl ester	+	+	+	+	+	+	+	+	+	+
63.951	i-Propyl 16-methyl-octadecanoate	+	+	+	+	+	+	+	+	+	+
67.028	3-(Prop-2-enoyloxy) tetradecane	+	+	+	+	+	+	+	+	+	+
67.060	Cyclopropanetetradecanoic acid, 2-octyl-, methyl ester		+			+	+	+	+	+	+

Tableau 15. Les composés des couvercles métalliques mis en contact avec l'harissa et identifiables par GCMS

❖ **Interprétation**

En analysant par GCMS les extraits des couvercles qui ont été mis en contact avec les échantillons de harissa ; que ce soit à température ambiante ou à 40 °C ; et en comparant les résultats obtenus avec ceux de couvercle vierge et des extraits des échantillons de harissa et aussi aves les travaux bibliographiques, nous nous rendons comptes de la chose suivante :

Les chromatogrammes ; qui concernent les couvercles ; représentent plusieurs pics (autres que ceux liés à l'emballage) relatifs aux composés de harissa. Ces composés sont essentiellement   provenus des piments rouges ; élément principale de l'harissa. Ils sont généralement les capsaicinoïdes (capsaicine et dihydrocapsaicine), les acides gras (hexanoique, oléique …), certains esters, certains terpénes et alcools…

Mais ce qui est très remarquable, c'est l'apparence de certains pics relatifs aux composés des épices et aromates ajoutés. Ces composés sont surtout les sulfides dans le cas des échantillons contenants d'ail ou d'oignon, des monoterpènes (surtout limonène) dans le cas des échantillons contenants du carvi, de la coriandre ou de la menthe, des monoterpinols (linalol surtout) dans les échantillons qui ont dans leur composition de coriandre. Aussi nous constatons la présence du carvone pour les échantillons préparés avec du carvi ou de la menthe et celle d'aldéhyde cinnamique dans le cas d'échantillon 7 qui contient de la cannelle.

Par ailleurs à 40°C ces derniers composés ; qui sont beaucoup plus volatils que les autres ; ont été relativement moins présent qu'à température ambiante et ceci explique que le phénomène de sorption a été forcé sous l'effet de la température et il a probablement évolué en phénomène de perméabilité qui nécessite au préalable une sorption et laisse échapper par la suite ces composés volatils en dehors de contentent (qui est dans ce cas le bocal en verre avec couvercle métallique).

D'une autre côté nous tenons compte que certains composés d'emballages tels que des adipates, des esters, des acides carboxyliques et certaines amides ont migré vers l'harissa. Cette migration est beaucoup plus importante à 40°C qu'à température ambiante et ceci explique l'accélération de la dégradation de l'emballage sous l'effet de la température. Mais un tel phénomène est considéré comme un danger sur la santé humaine.

En conclusion, nous retenons que ces interactions entre contenant et contenu affectent en même temps la qualité d'aliments qui perd relativement ces caractéristiques organoleptiques et aussi les propriétés physicochimiques de l'emballage qui devient aussitôt plus fragile si les conditions environnementales seront sévères.

CONCLUSION GENERALE

Dans le cadre de notre projet de fin d'études, nous avons réalisé ce travail qui concerne la compatibilité contenant-contenu entre le couple emballage métallique et conserve de piments rouges : harissa.

Dans un premier temps, nous avons préparé nos échantillons d'harissa ainsi que ceux de simulant approprié après avoir choisir au préalable les emballages dans lesquels ils ont été conditionnés.

Après, nous avons réalisé les essais des migrations globale et spécifique sur le simulant approprié de l'harissa (acide acétique à 3%) qui a été contenu dans des boites métalliques et ce afin d'étudier la diffusion du certains composés de revêtement organique intérieur ; tels que les BADGE, les BFDGE et leurs dérivés ; vers le simulant ; il s'est avéré que ce type d'emballage n'est pas inerte vis-à-vis de l'aliment.

Enfin, nous avons contrôlé la sorption de certains composés d'harissa ; tels que les colorants naturels et les composés volatils provenant des piments rouges ou bien des épices et des aromates ajoutés, sur la face interne des couvercles métalliques des bocaux en verre et ceci en utilisant la méthode gravimétrique, la spectrométrie d'absorption ultraviolet-visible et la chromatographie en phase gazeuse couplée à la spectrométrie de masse. Cette étude de sorption a montré que l'aliment lui-même peut affecter l'emballage et même lui changer ses propriétés physicochimiques.

Les résultats trouvés ont prouvé donc qu'il existe toujours des interactions entre le couple emballage-aliment et que ces interactions sont sensibles aux facteurs environnementaux régissant l'emballage et l'aliment.

En perspectives, nous projetons étudier d'autres types d'emballages et de conserves afin de mieux cerner les problèmes issus de leurs interactions et trouver des solutions conduisant ainsi à l'élaboration des bonnes pratiques de fabrication et de conditionnement des conserves. Nous verrons aussi la possible d'étudier les propriétés physicomécaniques des emballages avant et après contact avec l'aliment et ceci pour voir l'impact des interactions contenant-contenu sur eux.

REFERENCES BIBLIOGRAPHYQUES

[1] COLLECTIF ; La conserve et la restauration ; Les familles de produits ; Edition : Les publications de la conserve, paris, pp 9-13.

[2] **Nandor KOCSIS, Maria AMTMANN, Zsuzsa MEDNYANSZKY**, et **Kornél KORANY** ; GC-MS Investigation of the Aroma Compounds of Hungarian Red Paprika (Capsicum annuum) Cultivars; Journal of food composition and analysis; Elsevier Science Ltd (2002); pp 200-201.

[3] Laboratoires HYTECK Aroma Zone; fiche technique d'huile essentielle d'ail.

[4] Laboratoires HYTECK Aroma Zone; fiche technique d'huile essentielle d'oignon.

[5] Laboratoires HYTECK Aroma Zone; fiche technique d'huile essentielle de coriandre.

[6] Laboratoires HYTECK Aroma Zone; fiche technique d'huile essentielle de carvi.

[7] Laboratoires HYTECK Aroma Zone; fiche technique d'huile essentielle de menthe verte.

[8] Laboratoires HYTECK Aroma Zone; fiche technique d'huile essentielle de rue.

[9] **Gordon L.Robertson**; Food Packaging; Principles and Practice; Marcel Dekker; New York; (1993); pp 173-175.

[10] **GAVIN, AUSTIN, Lisa M. WEDDIG**; Canned foods; Principles of Thermal Process Control, Acidification and Container Closure Evaluation; Edition: The Food Processors Institute, 6éme edition; (1995).

[11]**J.L. MULTON, G.BUREAU** ; L'emballage des denrées alimentaires de grande consommation ; Sciences et techniques agroalimentaires ; pp 6 -19 et pp 328-330.

[12]**Yves PELLETIER**; Revêtements intérieurs pour emballages métalliques ; Techniques de l'ingénieur - Référence F1310 (2000); pp 4-7.

[13]**Donald HOLDSWORTH; Ricardo SIMPSON**; Thermal processing of packaged foods; Edition: Springer, états-unis, V.GUSTAVO; Collection: Food engineering series; pp2-3.

[14] **Jean-Pierre FAUVILLE**; Emballage des produits industriels : protection climatique et physicochimique; Techniques de l'ingénieur – Référence AG6201 (2002); pp 15-16.

[15] Handbook of food preservation, Food Packaging Interaction; Edition: CRC Press Taylor & Francis Group, New York, Shafiur Rahman; Collection: food science and technology; pp 939-946.

[16] **Oussama ZAKI** ; Thèse : Contribution à l'étude et à la modélisation de l'influence des phénomènes de transferts de masse sur le comportement mécanique de flacons en polypropylène ; (2008) ; pp 24-30.

[17] Norme Européenne EN15136 (mars 2006) ; Materials and articles in contact with foodstuffs-Certain epoxy derivatives subject to limitation-Determination of BADGE, BFDGE and their hydroxyl and chlorinated derivatives in food simulants.

[18] **J.JUANGSAMOOT, C.RUANGVIRIYACHAI, S.TECHAWONGSTIEN, S. CHANTHAI**; Determination of capsaicin and dihydrocapsaicin in some hot chilli varieties by RP-HPLC-PDA after magnetic stirring extraction and clean up with C_{18} cartridge; International Food Research Journal vol 19 (2012) ; pp1217-1226.

[19] **Stefan BERGER, Dieter SICKER**; Classics in spectroscopy, Isolation and Structure Elucidation of Natural Products; WILEY-VCH; p 267.

[20] **KAREL MARCUS, B. LUND DARVL**; Physical Principles of Food Preservation; Principles of Food Science; pp528-534.

WEBOGRAPHIE

[W1] www.larousse.fr/dictionnaires/francais/conserve

[W2] www.gica.ind.tn/fr/index.php?srub=61

[W3] www.wikipedia.org/wiki/Harissa

[W4] www.toildepices.com/wiki/index.php/Piment#Composition_chimique

ANNEXES

LISTE DES ANNEXES

Annexe I.
Enquête sur les différents types de harissa en Tunisie

Annexe II.
Structures chimiques des analytes utilisés pour l'étude de migration spécifique par HPLC

Annexe III.
Article 2 et annexe I de la directive 2002/72

Annexe IV.
Les chromatogrammes et les courbes d'étalonnages obtenus lors de l'étude de migration spécifique par HPLC

Annexe V.
Articles 1, 2 et 3 et annexe 1 de règlement (CE) N^0 1895/2005

Annexe VI.
Les spectres UV-VIS des différents types de harissa et des couvercles en contact avec elle

Annexe VII.
Les chromatogrammes et les résultats obtenus lors de l'étude de sorption par GCMS

Annexe I. Enquête sur les différents types de harissa en Tunisie

HARISSA ARBI

Nord

Ingrédients :
Pour 250 gr de piments secs : 1 càc de sel/1 tête d'ail/1 càc de coriandre en poudre/1 càc de carvi en poudre/2 càc d'huile d'olive
Préparation :
Lavez les piments à grande eau
Egouttez et avec les ciseaux, coupez la queue et le bout du piment.
Ouvriez les piments secs et enlevez les graines avec les ciseaux.
Epluchez l'ail et le réserver.
Hachez le poivron.
Hachez l'ail, le mettre sur le piment haché, ainsi que la coriandre, carvi et le sel.
Versez l'huile et mélangez.
Tunis 2

Ingrédients :
piments rouge sec /Ail frais /Sel /Coriandre sec (tabel)/Un peu d'huile d'olive
Préparation :
On fait hacher tous les ingrédients dans le mixeur et après on recouvre l'harissa par un peu d'huile d'olive.

hammam plage

Ingrédients :
500 g piment rouge sec/ 2 càc carvi sec en poudre/ 2 têtes d'ail frais /Sel selon le gout
Préparation :
On nettoie les piments secs puis on les met dans l'eau pendant 15min.
On nettoie l'ail et on le fait hacher avec le carvi et une quantité se sel après on fait hacher aussi les piments après les sortir de l'eau avec le reste du sel. En fin on mélange les piments avec les épices déjà hachés et on conserve le mélange dans des boites en verre et on recouvrant la surface par l'huile d'olive.
Tunis

Ingrédients :
piments rouge secs /ail /carvi en poudre /coriandre sec en poudre
sel/huile d'olive
Préparation :
Lavez les piments et laisser sécher. Nettoyez les piments (enlever les graines). Hachez le piment avec l'ail et le sel. Mélangez avec la coriandre et le carvi. Conservez dans un bocal en verre. Verser un peu d'huile d'olive sur la surface
Bizerte 2

Ingrédients :
piments rouge secs /sel/huile d'olive
Préparation :
Lavez les piments et laisser bien sécher.
Nettoyez les piments (enlever les graines)
hachez le piment avec le sel
Conservez dans un bocal en verre.
Verser un peu d'huile d'olive sur la surface
Bizerte

Ingrédients :
Piment rouge sec /Coriandre sec en poudre (tabel)/Carvi sèche en poudre (karwiya)/Poivre noir sec en poudre (felfel akhal)/Ail frais
Sel /Huile d'olive
Préparation :
Tromper les piments dans l'eau pendant 5 min. Egoutter les piments. Hacher les piments avec l'ail. Mélanger les piments hachés avec les épices et le sel. Conserver dans des bocaux en verre et verser un peu d'huile d'olive sur la surface
Beja

Ingrédients :
Piment rouge sec /Sel /Huile /Coriandre (tabel : mélange comparable à ras el hanout de tunis) /Ail frais
PRÉPARATION :
Retirer les graines des piments secs et laisser tremper dans l'eau tiède 20 minutes, dans un mortier, piler l'ail, le piment et le sel; ajouter les autres ingrédients en écrasant chacun

d'eux pour obtenir une purée. Incorporer doucement l'huile d'olive, verser dans un pot et utiliser au besoin

El kef

Ingrédients :
500g piment rouge sec /2 têtes d'ail frais /2 cás coriandre sec en poudre /2 cás carvi sec en poudre /Sel selon le gout

Préparation :
On nettoie les piments secs puis on les met dans l'eau pendant 15min.
On nettoie l'ail et on le fait hacher avec le carvi, la coriandre et une quantité se sel après on fait hacher aussi les piments après les sortir de l'eau avec le reste du sel. En fin on mélange les piments avec les épices déjà hachés et on conserve le mélange dans des boites en verre en recouvrant la surface par l'huile d'olive.

Beni khiar

Ingrédients :
Une tasse ¼ (tassa roubiaa) de piment sec rouge haché /2 c à s de coriandre sec en poudre (tabel) /Une grande tasse (tasse à lait) d'ail frais /Un peu de menthe vert (sec ou frais selon le choix) /Un peu d'huile d'olive /Sel selon le gout

Préparation :
Faire hacher tous les ingrédients dans un grand mortier (haroussa)
Mélanger avec un peu d'huile d'olive

Dar chabane

CAP BON

Ingrédients :
500 g de piments rouges secs/150 g d'ail haché/200 g de carvi blond entier connu sous le nom de coriandre en poudre/Sel selon le gout

Préparation :
Retirer les graines des piments. Les faire tremper dans de l'eau froide pendant 20 minutes puis les égouter.
Mettre les piments, l'ail, les graines de carvi et le sel dans un mortier et piler jusqu'à ce que tout soit bien écrasé.
Mettre la harissa dans un bocal et recouvrir d'huile pour garder la fraicheur des épices.

Hammamet

Ingrédients :
500 g de piments rouges secs /2 têtes d'ail (environs 10 gousses)/1 cás de carvi /1 cás de coriandre /1/2 cás cumin /Huile d'olive /Sel selon le gout

Préparation :
trempez les piments 20 min dans de l'eau bouillante en les immergeant avec un poids.
Pelez et hachez l'ail.
Egouttez les piments, ouvrez-les en deux et éliminez les graines.
Mettez les piments dans un mortier avec l'ail et le sel et les broyez jusqu'à obtenir une pâte. Ajoutez les épices.
Broyez encore pour que la préparation soit homogène.
Mettez-la dans un bocal de verre, couvrez d'huile et fermez.

korba

Ingrédients :
1 kg de piment rouge sec /300 à 400g d'ail /250g de carvi blond entier connu sous le nom de « karouia » /sel/menthe sèche, fenouille connu sous le non « besbes » (facultatif)

préparation :
nettoyez du piment (enlevez les graines à l'aide d'un couteau.)
plongez les piments dans une bassine d'eau, remuez-les et égouttez-les. Il ne faut surtout pas les laisser absorber l'eau.
Epluchez l'ail.
Séparément, le carvi blond entier.
Ensuite hachez les piments avec l'ail.
Une fois les piments sont hachés, ajoutez-les le carvi blond, le sel, le fenouille , la menthe séchée.
Conservez par l'huile d'olive ou bien par un conservateur chimique.

Nabeul

Ingrédients :
1 kg de piments rouges secs /500g d'ail /1 à 2 cás de carvi sec en poudre/2 à 3 cás de coriandre sec en poudre /0,5 L huile d'olive
Un peu de laurier sec (rande) en poudre + menthe sec en poudre (facultatif)/Un peu de piment rouge sec en poudre finement haché (felfel zina) pour intensifier la couleur (au choix)/Sel selon le gout

Préparation :
Trempez les piments 20 min dans de l'eau Pelez et hachez l'ail.
Egouttez les piments
Mettez les piments dans un mortier avec l'ail et le sel et les broyez jusqu'à obtenir une pâte.
Ajoutez les épices et l'huile d'olive
Broyez encore pour que la préparation soit homogène.
Mettez-la dans un bocal en verre, couvrez d'huile et

Annexe I.

<table>
<tr><td></td><td></td><td>fermez.
Korba 2</td></tr>
</table>

Ingrédients :

Piment rouge sec /Coriandre sec en poudre (tabel)/Carvi sèche en poudre (karwiya)/Ail frais /Sel /Huile d'olive /Conservateur

Préparation :

Tromper les piments dans l'eau pendant 15 min. Egoutter les piments. Hacher les piments avec l'ail .Mélanger avec les épices, le sel et le conservateur. Conserver dans des bocaux en verre et verser un peu d'huile d'olive sur la surface

Beni khalled

SAHEL

Ingrédients :

500 g de piments rouges secs une cuillère à soupe de sel/2 têtes d'ail/1 cuillère à soupe de carvi

Préparation :

Lavez les piments tout en leur enlevant les pépins, les laissez pendant 30 minutes dans l'eau pour les ramollir, les mettez ensuite dans un hachoir électrique et les passez 2 ou 3 fois dans le hachoir, vous allez obtenir une purée assez homogène. Mélangez avec l'huile d'olive pour rendre cette purée plus souple et pouvoir la conserver plus longtemps.

Mahdia

Ingrédients :

piment rouge sec /ail frais /coriandre sec en poudre (tabeul)/carvi en poudre (karwiya)/sel

préparation :

Nettoyez du piment (enlevez les graines à l'aide d'un couteau.)

Plongez les piments dans une bassine d'eau, remuez-les et égouttez-les.

Hachez les piments avec l'ail.

Une fois les piments sont hachés, ajoutez-les le carvi et la coriandre et mélangez.

Conservez dans un bocal en verre.

Mounastir

Ingrédients :

Piment rouges séchés/Ail/sel/carvi (carouia) /Menthe (facultatif) /Huile d'olive

Préparation :

Nettoyer les piments

Hacher les piments avec l'ail et le sel

Ajouter le carvi la menthe et couvrir avec l'huile d'olive

Sousse

Ingrédients :

Piments rouges secs /Huile d'olive

Préparation :

Séchez les piments au soleil.

Hachez les piments.

Mélangez avec l'huile

Kaser hlal

Annexe I.

Centre

Ingrédients :
1 Kg Piment rouge sec /150 g ails frais /30 g de coriandre et de carvi sec en poudre /Sel selon le gout /Conservateur (acide salicylique)

Préparation :
Laver le piment puis l'hydrater dans l'eau (environ 1h) et l'égoutter.
Broyer le piment avec l'ail jusqu'à l'obtention d'une pate.
Bien malaxer en joutant les épices le sel et le conservateur.

Sfax

Ingrédients :
500 g de piments secs/200 ml d'huile d'olive/1à 2 tête d'ail/1 c. à s. de coriandre en poudre/1 c. à s. de graines de carvi/1 c. à s. de sel

Préparation :
Retirer les graines des piments secs et laisser tremper dans l'eau tiède 20 minutes, dans un mortier, piler l'ail, le piment et le sel; ajouter les autres ingrédients en écrasant chacun deux deux pour obtenir une purée. Incorporer doucement l'huile d'olive, verser dans un pot et utiliser au besoin.

Kairouan

Ingrédients :
AIL /Tabel et Karoua/Sel

préparation :
1/ On lave les poivrons et on les coupe en 2 et on enlève les graines
2/ On étale l'ensemble sur un linge et on laisse sécher pendant 24 H
3/ On moule ces poivrons à l'aide d'un moulin manuel
4/ On filtre le produit par une compresse pendant 24 H
5/ On met la harissa obtenue dans un récipient adéquat à son volume et on lui ajoute (2 cuillerées à soupe de tabel et karoua + Une gousse d'ail + 1 cuillerée à café de sel) pour une grande boite de tomate concentrée vide
6/on mélange le tout et on met la harissa obtenue dans des boites en verre hermétiquement fermés.

Sfax 2

HROUSS

Sud

Ingrédients :	Préparation :
200 g d'oignon frais /2 kg de piment rouge sec 500 g de coriandre sec (tabi))100 g carvi sec 50 g de camelle sèche/50 g chouch wared /1/5 L d'huile /Sel selon le gout	**PREPARATION :** On nettoie les oignons et on les coupe en rondelle puis on les met dans une jarre et ceci en superposant une couche d'oignon par une de sel. Après en ferme bien la jarre et on la laisse 2 semaines. Lorsque les 2 semaines passent, on fait sécher l'ensemble des épices pendant quelques min sur le feu puis on fait hacher l'ensemble avec
Piments rouges secs /Ail /Poivre noire /Cumin poudre /Sel /Huile d'olive	Mixez le piment sec avec l'ail. Ajoutez les épices (cumin, poivre noire) et le sel. Mélangez et couvriez avec l'huile d'olive.
Piment rouge sec haché finement (felfel merhi) Oignon frais /Huile d'olive /Sel	Hacher les piments secs très finement Hacher l'oignon très finement Mélanger les piments avec l'oignon le sel (trop de sel) et l'huile. Laisser le mélange en repos
Piment rouge sec en poudre /Oignon séché /Ail frais /Sel /Epices (fah de gafsa : mélange des épices) /Huile d'olive	On nettoie les oignons et on les coupe en rondelle puis on les met dans une jarre et ceci en superposant une couche d'oignon
piments rouges mi séché /Ail /Sel /Epices (fah de gafsa : mélange des épices) /Huile d'olive	Séchez les piments (mi séchage). Nettoyez les piments (enlever les graines). Hacher les piments avec l'ail. Ajoutez le sel, les épices de gafsa (fah) et beaucoup
Piments rouges secs /Ail frais /coriandre sèche en poudre /beaucoup de sel /Huile d'olive	Les piments sont séchés au soleil après avoir été cuits au four Ils sont ensuite écrasés avec de l'ail

Annexe I.

le piment sec et en fin on ajoute au mélange l'oignon qui a été conservé dans la jarre (après lui éliminer le maximum de sel) et la quantité d'huile nécessaire. Puis on règle le sel s'il y a besoin et on conserve le mélange dans une jarre ou dans boite en verre. **Mednine**	Conservez dans des bocaux en verre. **Tozeur**	dan un bocal en verre ou dans une jarre jusqu'à ce que sa couleur devient très foncée et là il devient prêt à utiliser. **El hamma gabes**	Après en ferme bien la jarre et on la laisse 1 mois. Lorsque le mois passe, on mélange l'oignon avec le piment en poudre et l'huile d'olive pour obtenir une pate. **Douz**	d'huile (pour une bonne conservation). **Gafsa**	puis mélangés avec du tabeul naturel (coriandre), du sel (en grande quantité pour une bonne conservation) et de l'huile d'olive. **Jerba**

NORD	Cap bon
Ingrédients : Poivrons vert frais /Ail frais /Beaucoup de sel /Huile d'olive **PREPARATION :** Hacher les poivrons avec l'ail et beaucoup de sel Plonger le mélange dans une tasse remplie d'huile et le conserver là bas. **Hammam plage**	**Ingrédients :** Piment rouge sec /Coriandre sec en poudre (tabel)/Carvi sèche en poudre (karwiya)/Ail frais /Sel **PREPARATION :** Tromper les piments dans l'eau pendant 15 min Egoutter les piments Hacher les piments avec l'ail Mélanger avec les épices et le sel Conserver dans des bocaux en verre **Menzel temim**

HARISSA JARYA

Cap bon

Ingrédients : piment rouge frais /500 g d'ail frais /250 g coriandre sec en poudre /Un peu de carvi (à peu près une càs)/Sel selon le goût /2g de conservateur (se trouve au pharmacie doua harissa) **Préparation** On cuit le piment sous la vapeur. Puis on le fait hacher. Sur le 1 kg de piment haché en met 500 g d'ail haché, 250 g de coriandre, le carvi, le sel et le conservateur puis on mélange et on conserve l'harissa dans des boites en verre et on fait couvrir sa surface par l'huile d'olive. **Beni khiar**	**Ingrédients :** piment rouge non séché /Menthe sec/1 gousse d'ail/1 pincée de sel /Carvi (Karouwia) /1 sachet conservateur **Préparation :** Nettoyage du piment (enlevez les graines) Plongez les piments dans une bassine d'eau contenant déjà le sel et faire bouillir le tout. Egoutter maintenant les piments et mixer entre temps les gousses d'ail épluchées avec karwia. Utiliser un hachoir à viande manuel (farama) et on met à peu à peu les piments. On y ajoute l'ail, Karwia, la menthe séchée et du sel. Pour conserver l'harissa pour une période prolongée on a recours aux conservateurs alimentaires (chimique) aussi on ajoute quelques centilitres d'huile d'olive dans chaque pot de harissa (naturel). **soumaa**	**Ingrédients :** Piment rouge frais /Coriandre sec en poudre (tabel)/Carvi sèche en poudre (karwiya)/Ail frais /Sel **Préparation :** Faire bouillir les piments dans l'eau Egoutter les piments Hacher les piments avec l'ail Mélanger avec les épices et le sel Conserver dans des bocaux en verre **Kélibya**	**Ingrédients :** 1 kg piment rouge frais /Une grande tasse d'ail frais /2 càs coriandre sec en poudre /Un peu de menthe sec en poudre /2càc sel /2 g conservateur (se trouve au pharmacie doua harissa) **Préparation :** Plonger les piments dans une bassine d'eau et les faire bouillir. Egoutter les piments. Mixer les piments avec l'ail épluché. Ajouter la coriandre, la menthe séchée le sel et le conservateur et mélanger. **Dar chabane**
Ingrédients : Piment rouge frais /Coriandre sec en poudre (tabel)/Carvi sèche en poudre (karwiya)/Ail frais /Sel **Préparation :** Cuir les piments sous vapeur. Laisser refroidir. Hacher les piments avec l'ail. Mélanger avec les épices, le sel et le conservateur. Conserver dans des bocaux en verre et verser un peu d'huile d'olive sur la surface. **Beni khaled**	**Ingrédients :** Piment rouge frais /Coriandre sec en poudre (tabel)/Carvi sèche en poudre (karwiya)/Ail frais /Sel **Préparation :** Cuir les piments sous vapeur Egoutter les piments Hacher les piments avec l'ail Mélanger avec les épices et le sel Conserver dans des bocaux en verre **Menzel tamim**		**Ingrédients :** Piment rouge frais /ail frais /coriandre sec en poudre /carvi /Sel/ **Préparation :** On cuit le piment sous la vapeur. Puis on le fait hacher. On ajoute l'ail haché, la coriandre, le carvi, le sel et le conservateur puis on mélange et on conserve l'harissa dans des bocaux en verre et on fait couvrir sa surface par l'huile d'olive. **Nabeul**

Ingrédients :
Piment rouge frais/Coriandre sec en poudre (tabel)/Carvi sèche en poudre (karwiya)/Ail frais /Sel /Huile d'olive /Conservateur
Préparation :
Cuir les piments sous vapeur. Laisser refroidir. Hacher les piments avec l'ail. Mélanger avec les épices, le sel et le conservateur. Conserver dans des bocaux en verre et verser un peu d'huile d'olive sur la surface.
Beni khalled

Annexe I.

Ingrédients :
Piment rouge frais /Ail /Coriandre en poudre (tabel)/Carvi en poudre (karwiya)/Huile d'olive /Sel
Préparation :
Enlevez les queues des piments et épluchez l'ail.
Mettez sous vapeur les piments et l'ail.
Laissez les piments se refroidir et s'égoutter.
Puis hachez les piments et l'ail.
Ajoutez les épices et le sel et bien mélangez.
Conservez dans des bocaux en verre et mettez un peu d'huile d'olive sur la surface.
Mouknin

Sahel

Ingrédients :
piment rouge (ou bien vert) non séché (frais)/Ail frais /sel /coriandre sec en poudre (tabel)/carvi en poudre (karwiya)/conservateur
Préparation :
Nettoyer les piments.
Cuire les piments avec l'ail sous vapeur.
Hacher les piments et l'ail.
Mélanger avec la coriandre, la carvi et le sel.
Ajouter le conservateur et conserver dans les boucaux en verre.
sousse

Nord

Ingrédients :
Piment rouge frais /Coriandre sec en poudre (karwiya)/Poivre noir sec en poudre (felfel akhal)/Ail frais /Sel /Huile d'olive
Préparation : Cuir les piments sous vapeur, puis les laisser refroidir. Hacher les piments avec l'ail. Mélanger les piments hachés avec les épices et le sel. Conserver dans des bocaux en verre et verser un peu d'huile d'olive sur la surface.
Beja

HARISSA MAYOU

CAP BON

Ingrédients :
1 kg de piment rouge sec et haché /4 à 5 paquets de menthe frais
500 g d'ail frais /500 g de coriandre sec en poudre /25 g carvi /Sel selon le gout /Un peu de menthe pouliot (flayou), <<figel>> et de << mintha >>
PRÉPARATION :
On fait hacher le piment, puis on lui ajoute l'ail et la menthe hachés, la coriandre, le carvi, la menthe pouliot (flayou), <<figel>>, << mintha >> (tous hachés) et on met en fin le sel selon le gout.
Après on ajoute un peu de huile d'olive en mélangeant et on laisse le mélange à sécher.

Beni khiar

Ingrédients :
250g Piments rouge sec et haché /3gousses d'ail/Menthe vert frais (à peu prés 6 feuilles)/Une pincée de carvi en poudre /Une pincée de romarin sec en poudre /Un peu de rue (fejel) fraiche /Graines vertes de coriandre (1/3 de la quantité de piment) /sel selon le gout
Préparation :
Broyer bien le piment rouge sec dans un grand mortier (Haroussa).
Ajouter tous les autres ingrédients et continuer le broyage jusqu'à avoir un mélange Homogène.

soumaa

Ingrédients :
Une grande tasse (tasse à lait) de piment rouge sec haché et tamisé /3 paquets de menthe frais /Un grand verre et demi d'ail frais /1càs (une grande) de coriandre sec en poudre /1 cac de carvi sec en poudre /2 feuilles de rue (fejel) frais /1càs de sel
Préparation :
Broyer bien le piment rouge sec dans un grand mortier (Haroussa).
Ajouter tous les autres ingrédients et continuer le broyage jusqu'à avoir un mélange Homogène.

Dar chabane

Annexe II.

Structures chimiques des analytes utilisés pour l'étude de migration spécifique par HPLC

- **BADGE**

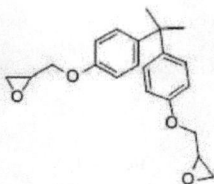

Bisphénol A Diglycidyléther

- **BADGE.H2O**

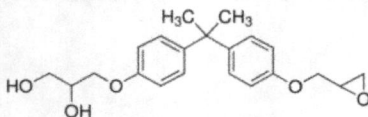

Bisphenol A (2, 3-dihydroxypropyl) glycidyl ether

- **BADGE.2H2O**

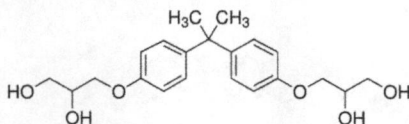

Bisphenol A bis(2,3-dihydroxypropyl) ether

Annexe II.

- **BADGE-2HCl**

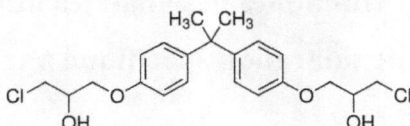

2,2-Bis [4-(3-chloro-2-hydroxypropoxy)phenyl]propane

- **BADGE.HCl.H2O**

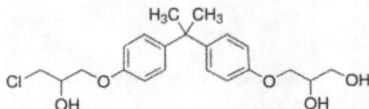

Bisphenol A (3-chloro-2-hydroxypropyl) (2,3-dihydroxypropyl) ether

- **BFDGE.2H2O**

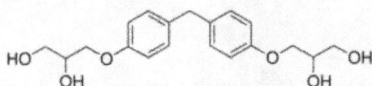

Bisphenol F bis(2,3-dihydroxypropyl) ether

- **BFDGE.2HCl**

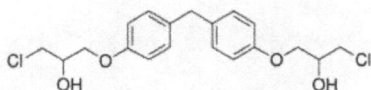

Bisphenol F bis(3-chloro-2-hydroxypropyl) ether

Annexe.III

Article 2 et annexe I de la directive 2002/72

DIRECTIVE 2002/72/CE DE LA COMMISSION
du 6 août 2002
concernant les matériaux et objets en matière plastique destinés à entrer en contact avec les
denrées alimentaires
(Texte présentant de l'intérêt pour l'EEE)

Article 2

Les matériaux et objets en matière plastique ne peuvent céder leurs constituants aux denrées alimentaires dans des quantités dépassant 10 milligrammes par décimètre carré de surface du matériau ou de l'objet (mg/dm2) (limite de migration globale).

Cependant, cette limite est fixée à 60 milligrammes de constituants cédés par kilogramme de denrées alimentaires (mg/kg) dans les cas suivants:

a) des objets qui sont des récipients ou qui sont comparables à des récipients ou qui peuvent être remplis, d'une capacité comprise entre 500 millilitres (ml) et 10 litres (l);

b) des objets qui peuvent être remplis et pour lesquels il n'est pas possible d'estimer la surface qui est en contact avec les denrées alimentaires;

c) des capsules, joints, bouchons ou autres dispositifs de fermeture.

ANNEXE I : DISPOSITIONS COMPLÉMENTAIRES APPLICABLES LORS DU CONTRÔLE DES LIMITES DE MIGRATION

Dispositions générales

1. Lors de la comparaison des résultats des tests de migration précisés à l'annexe de la directive 82/711/CEE, la densité de tous les simulants est conventionnellement fixée à 1. Les milligrammes de substance(s) cédés par litre de simulant (mg/l) correspondent donc numériquement à des mg de substance(s) cédés par kg de simulant et, compte tenu des dispositions fixées dans la directive 85/572/CEE, à des mg de substance(s) cédés par kg de denrée alimentaire.

Dispositions spéciales concernant la migration globale

7. Un matériau ou un objet, dont le niveau de la migration dépasse la limite de migration globale d'une quantité ne dépassant pas la tolérance analytique ci-dessous définie, doit être considéré comme conforme à la présente directive.

Les tolérances analytiques suivantes ont été observées:
- 20 mg/kg ou 3 mg/dm2 dans les tests de migration utilisant l'huile d'olive rectifiée ou ses substituts,
- 12 mg/kg ou 2 mg/dm2 dans les tests de migration utilisant les autres simulants visés dans les directives 82/711/CEE et 85/572/CEE.

Annexe IV.

Les chromatogrammes et les courbes d'étalonnages obtenus lors de l'étude de migration spécifique par HPLC

- Chromatogrammes de la gamme étalon

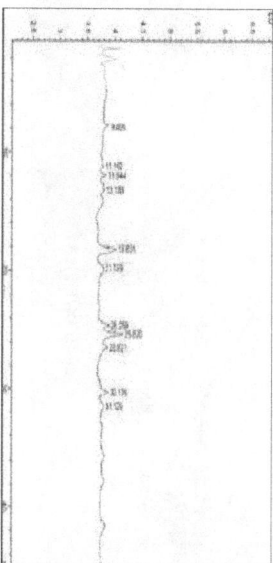

0,05 µg/ml

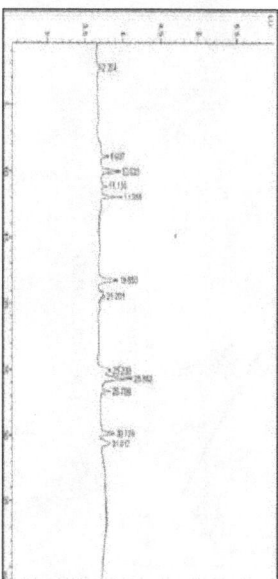

1,05 µg/ml

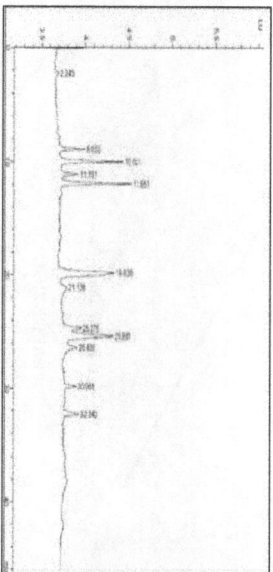

0,55 µg/ml

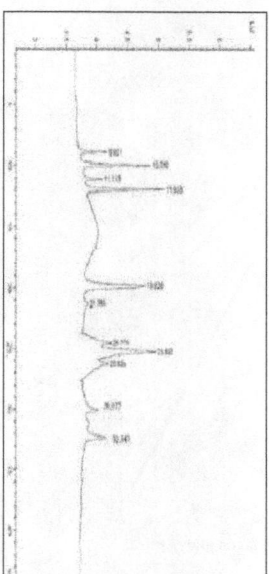

1,55 µg/ml

Annexe IV.

- ## Courbes d'étalonnage

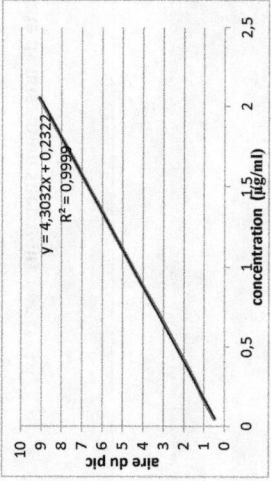

p,p-BFDGE.2H2O

$y = 4,3032x + 0,2322$
$R^2 = 0,9999$

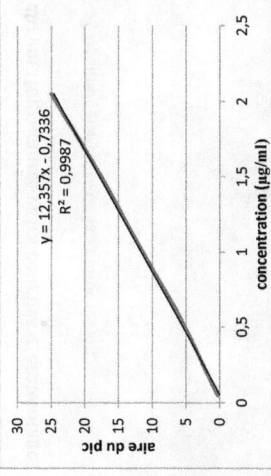

0,0-BFDGE.2H2O

$y = 4,6692x + 0,3209$
$R^2 = 0,9999$

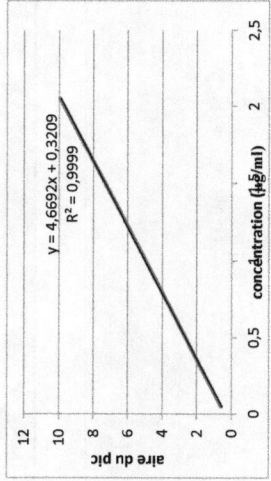

0,p-BFDGE.2H2O

$y = 12,357x - 0,7336$
$R^2 = 0,9987$

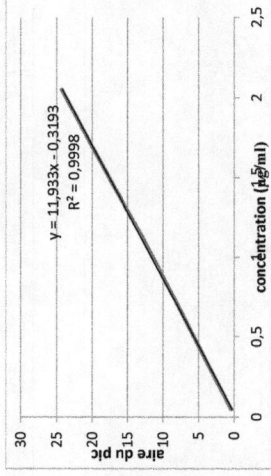

BADGE.2H2O

$y = 11,933x - 0,3193$
$R^2 = 0,9998$

Annexe IV.

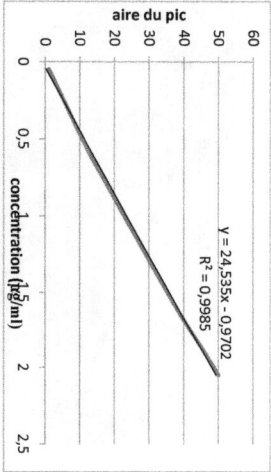

BADGE.HCl.H2O

y = 24,535x - 0,9702
R² = 0,9985

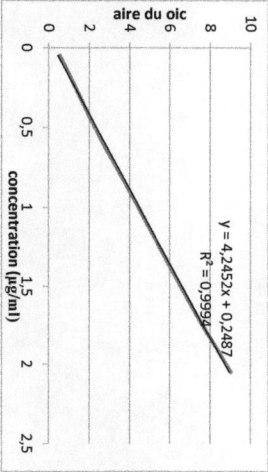

BADGE.H2O

y = 2,5752x + 0,1697
R² = 0,9998

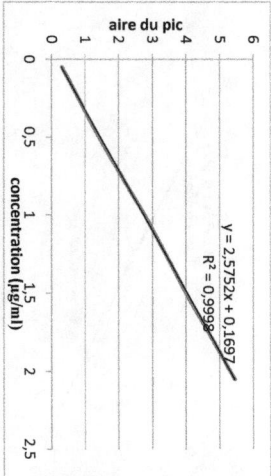

p,p-BFDGE.2HCl

y = 4,2452x + 0,2487
R² = 0,9994

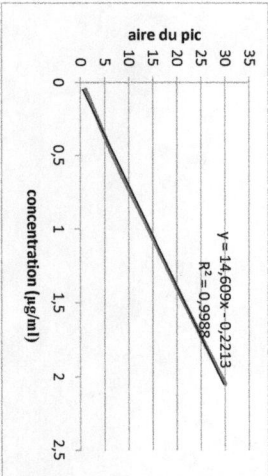

o,p-BFDGE.2HCl

y = 14,609x - 0,2213
R² = 0,9988

Annexe IV.

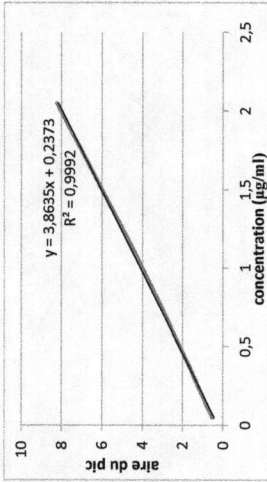

y = 3,8635x + 0,2373
R² = 0,9992

o,o-BFDGE.2HCl

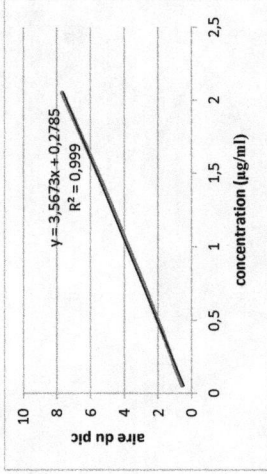

y = 3,5673x + 0,2785
R² = 0,999

BADGE.2HCl

- **Chromatogrammes des échantillons**
  - ✓ **Echantillon de 10 jours**

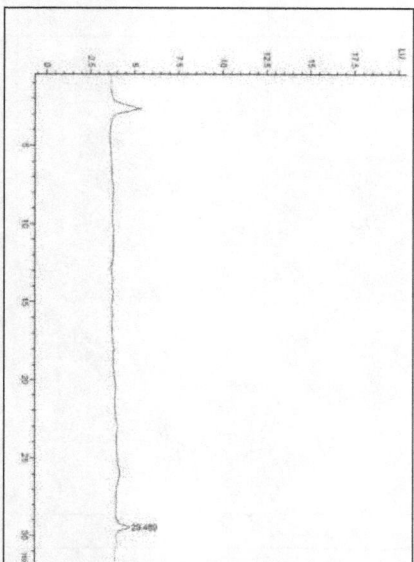

Température ambiante

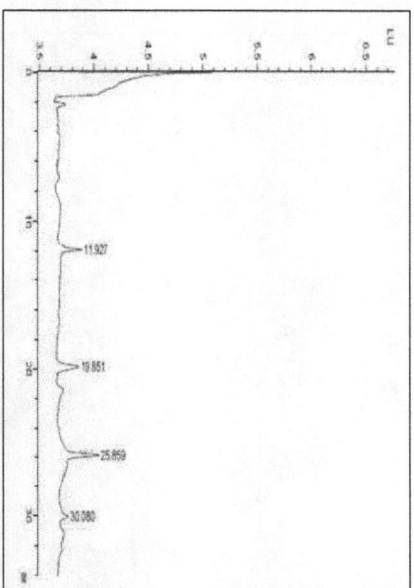

40°C

Annexe IV.

✓ **Echantillon de 20 jours**

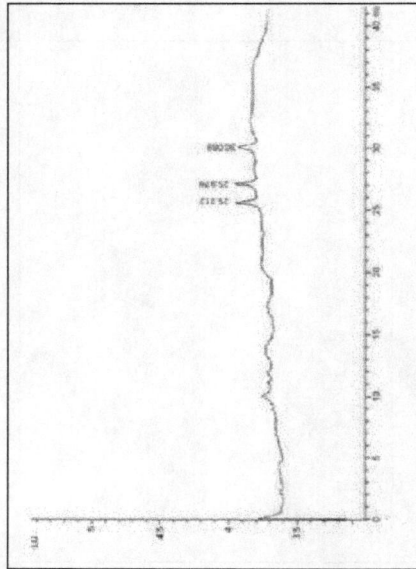

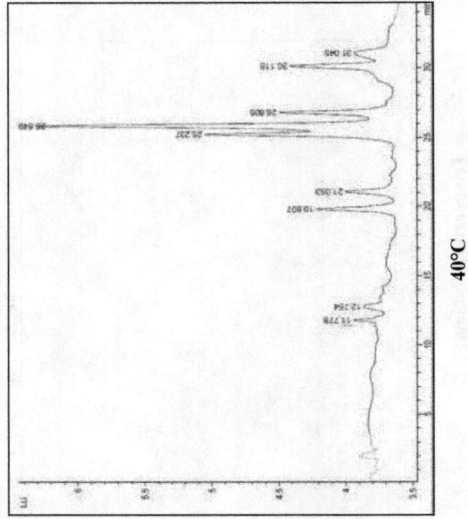

Température ambiante

40°C

✓ **Echantillon de 30 jours**

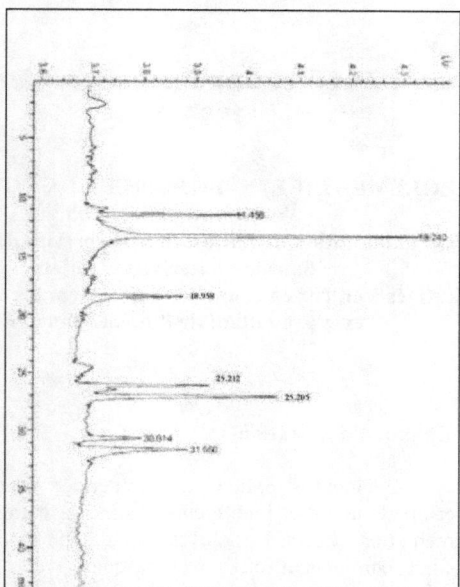

Température ambiante

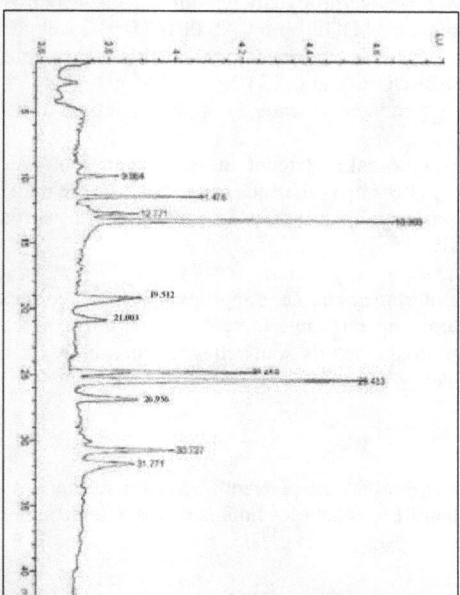

40°C

Annexe V.
Articles 1, 2 et 3 et annexe 1 de règlement (CE) N⁰ 1895/2005

RÈGLEMENT (CE) N⁰ 1895/2005 DE LA COMMISSION
du 18 novembre 2005
concernant la limitation de l'utilisation de certains dérivés époxydiques
dans les matériaux et objets
destinés à entrer en contact avec des denrées alimentaires
(Texte présentant de l'intérêt pour l'EEE)

Article 1 : Champ d'application

1. Le présent règlement s'applique aux matériaux et objets, y compris les matériaux et objets actifs et intelligents destinés à entrer en contact avec des denrées alimentaires visés à l'article1er, paragraphe 2, du règlement (CE) no 1935/2004, qui contiennent ou sont fabriqués avec une ou plusieurs des substances suivantes:
a) éther bis(2,3-époxypropylénique) du 2,2-bis(4-hydroxyphényl) propane, ci-après dénommé «BADGE» (no CAS 001675-54-3), et certains de ses dérivés;
b) éthers bis(2,3-époxypropylénique) du bis(hydroxyphényl)méthane, ci-après dénommés «BFDGE» (no CAS 039817-09-9);
c) éthers de glycidyl Novolaque, ci-après dénommés «NOGE».

2. Aux fins du présent règlement, on entend par «matériauxet objets»:
a) les matériaux et objets fabriqués avec tout type de matières plastiques;
b) les matériaux et objets enduits d'un revêtement de surface;
c) les adhésifs.

3. Le présent règlement ne s'applique pas aux conteneurs ou réservoirs de stockage d'une capacité supérieure à 10 000 litres ou aux canalisations qui les équipent ou auxquelles ils sont reliés, enduits de revêtements spéciaux dits «à haut rendement».

Article 2 : BADGE

Les matériaux et objets ne peuvent libérer les substances énumérées à l'annexe I dans une quantité excédant les limites fixées à ladite annexe.

Annexe V.

Article 3 : BFDGE

L'utilisation et/ou la présence de BFDGE dans la fabrication des matériaux et objets sont interdites.

ANNEXE 1

Limite spécifique de migration pour le BADGE et certains de ses dérivés
1. La somme des migrations des substances suivantes:
a) BADGE [= éther bis(2,3-époxypropylénique) du 2,2-bis(4-hydroxyphényl) propane] (no CAS = 001675-54-3)
b) BADGE.H2O (no CAS = 076002-91-0)
c) BADGE.2H2O (no CAS = 005581-32-8)
ne doit pas dépasser les limites suivantes:
- 9 mg/kg dans les denrées alimentaires ou les simulateurs d'aliments, ou
- 9 mg/6 dm2 conformément aux cas prévus à l'article 7 de la directive 2002/72/CE de la Commission (1).

2. La somme des migrations des substances suivantes:
a) BADGE.HCl (no CAS = 013836-48-1)
b) BADGE.2HCl (no CAS = 004809-35-2)
c) BADGE.H2O.HCl (no CAS = 227947-06-0)
ne doit pas dépasser les limites suivantes:
- 1 mg/kg dans les denrées alimentaires ou les simulateurs d'aliments, ou
- 1 mg/6 dm2 conformément aux cas prévus à l'article 7 de la directive 2002/72/CE.

3. La vérification de la migration s'effectuera dans le respect des règles établies dans la directive 82/711/CEE du
Conseil (2), ainsi que dans la directive 2002/72/CE.

Annexe VI.

Annexe VI.   Les spectres UV-VIS des différents types de harissa et des couvercles en contact avec elle

| Ech1 | Température ambiante | 40°C |

H A R I S S A — graphs A=f(λ), absorbance A vs longueur d'onde λ (nm)

C O U V E R C L E — graphs A=f(λ), absorbance A vs longueur d'onde λ (nm)

Annexe VI.

Ech2	Température ambiante	40°C

A=f(λ)

A=f(λ)

A=f(λ)

A=f(λ)

Annexe VI.

Ech3	Température ambiante	40°C
H A R I S S A		
C O U V E R C L E		

A=f(λ)

A=f(λ)

A=f(λ)

A=f(λ)

Annexe VI.

Ech4	Température ambiante	40°C

H A R S A

C O U V E R C L E

C O U V E R C L E

absorbance A
A=f(λ)
longueur d'onde λ (nm)

absorbance A
A=f(λ)
longueur d'onde λ (nm)

absorbance A
A=f(λ)
longueur d'onde λ (nm)

absorbance A
A=f(λ)
longueur d'onde λ (nm)

Annexe VI.

Ech5	Température ambiante	40°C

$A=f(\lambda)$ — Température ambiante (HARISSA)

$A=f(\lambda)$ — 40°C (HARISSA)

$A=f(\lambda)$ — Température ambiante (COUVERCLE)

$A=f(\lambda)$ — 40°C (COUVERCLE)

Annexe VI.

Ech6	Température ambiante	40°C

H
A
R
I
S
A

C
O
U
V
E
R
C
L
E

A=f(λ)

A=f(λ)

A=f(λ)

A=f(λ)

Annexe VI.

Ech7	Température ambiante	40°C

HARISSA

A=f(λ) — Température ambiante

A=f(λ) — 40°C

COUVERCLE

A=f(λ)

A=f(λ)

PFE

Ech8	Température ambiante	40°C

HARISA

absorbance A

A=f(λ)

longueur d'onde λ (nm)

absorbance A

A=f(λ)

longueur d'onde (λ)

COULEVRE

absorbance A

A=f(λ)

longueur d'onde λ (nm)

absorbance A

A=f(λ)

longueur d'onde λ (nm)

Annexe VI.

Ech9	Température ambiante	40°C
H A R I S S A		
C O U V E R C L E		

Graphs: A=f(λ), longueur d'onde λ (nm), absorbance A.

PFE

Annexe VI.

	Température ambiante	40°C
Ech10		
H A R I S A C O U V E R C L E	 A=f(λ)	 A=f(λ)
Ech11	**Température ambiante**	**40°C**
	 A=f(λ)	 A=f(λ)

Annexe VI.

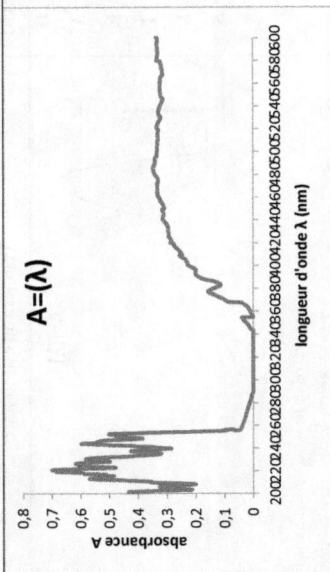

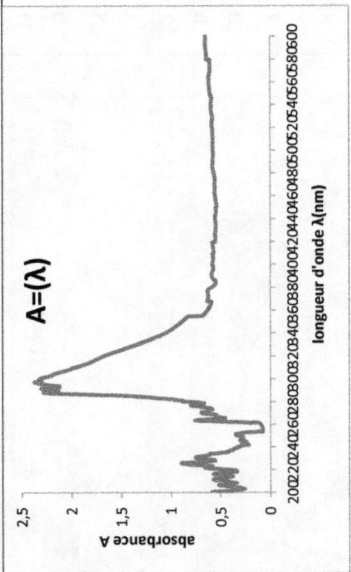

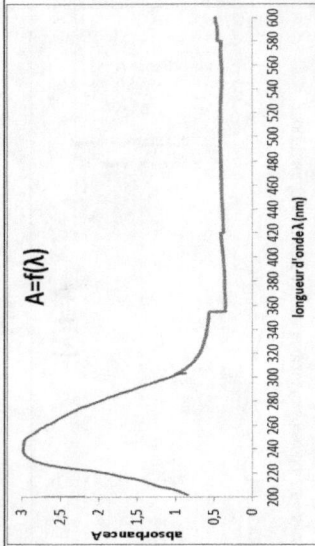

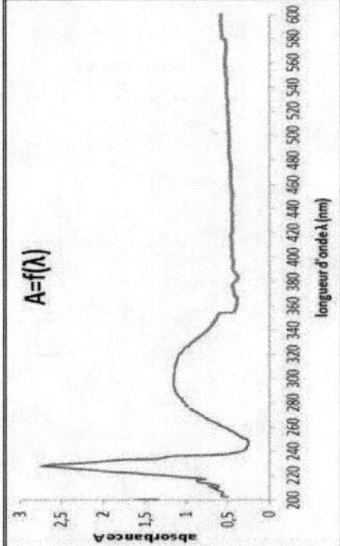

H
A
R
I
S
S
A

C
O
U
V
E
R
C
L
E

Annexe VII.

Les chromatogrammes et les résultats obtenus lors de l'étude de sorption par GCMS

- **Chromatogrammes**
  - ✓ Couvercle vierge

  ✓ Capsaicine

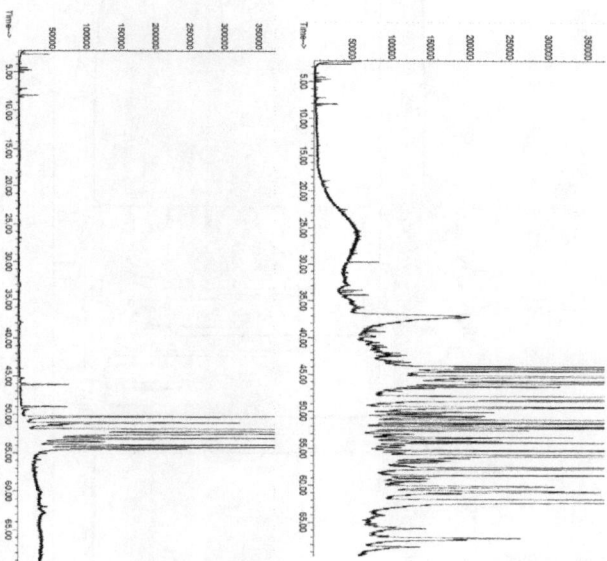

Annexe VII.

✓ **Echantillons**

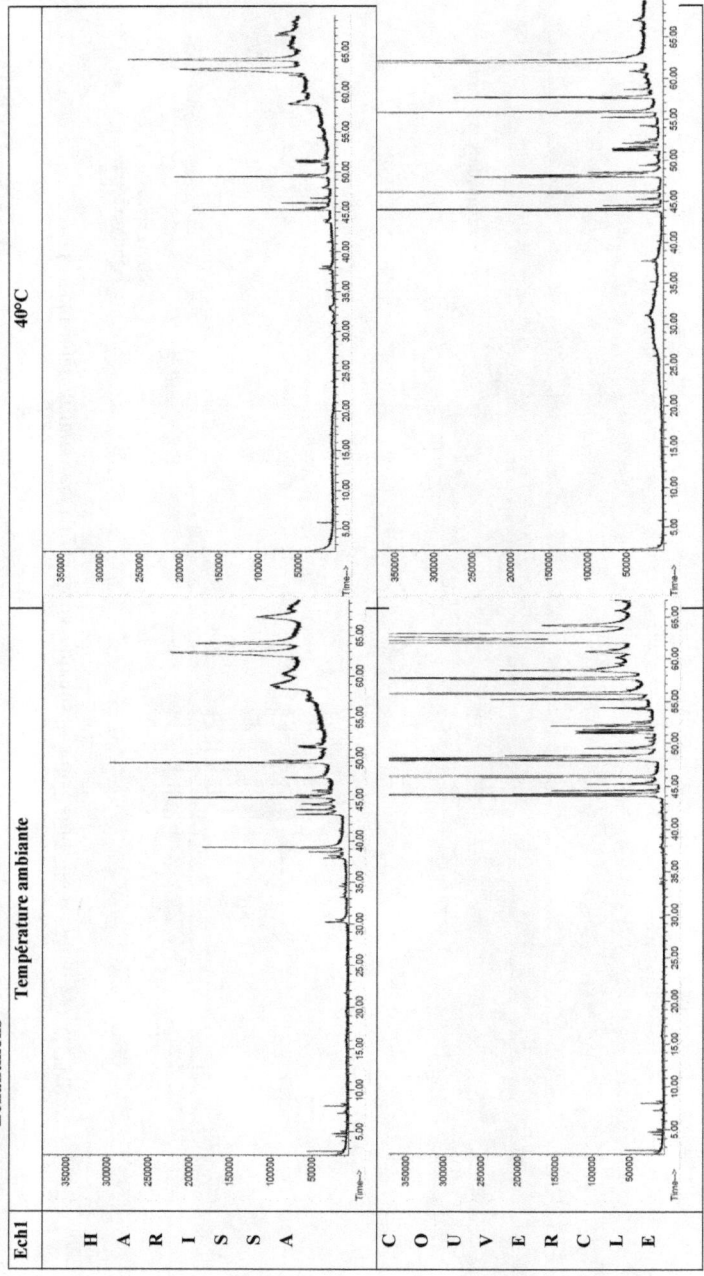

Ech1	Température ambiante	40°C

HARISSA

COUVERCLE

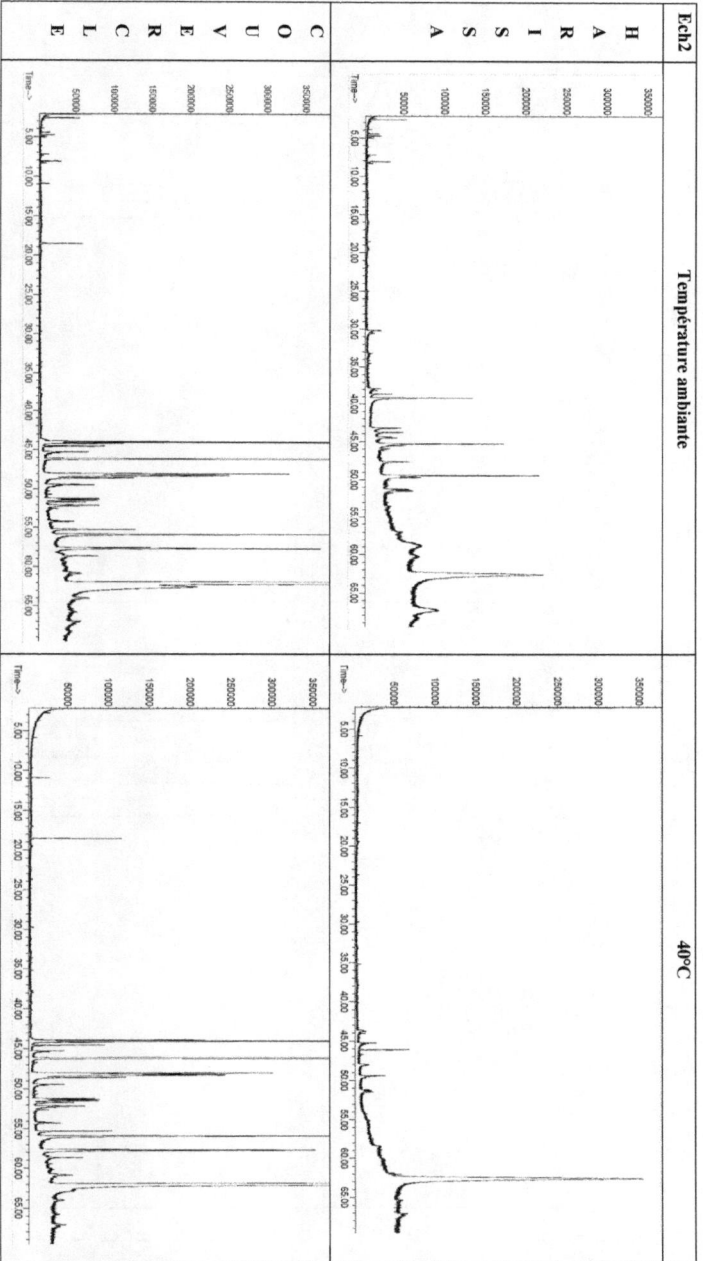

Ech2   Température ambiante   40°C

Annexe VII.

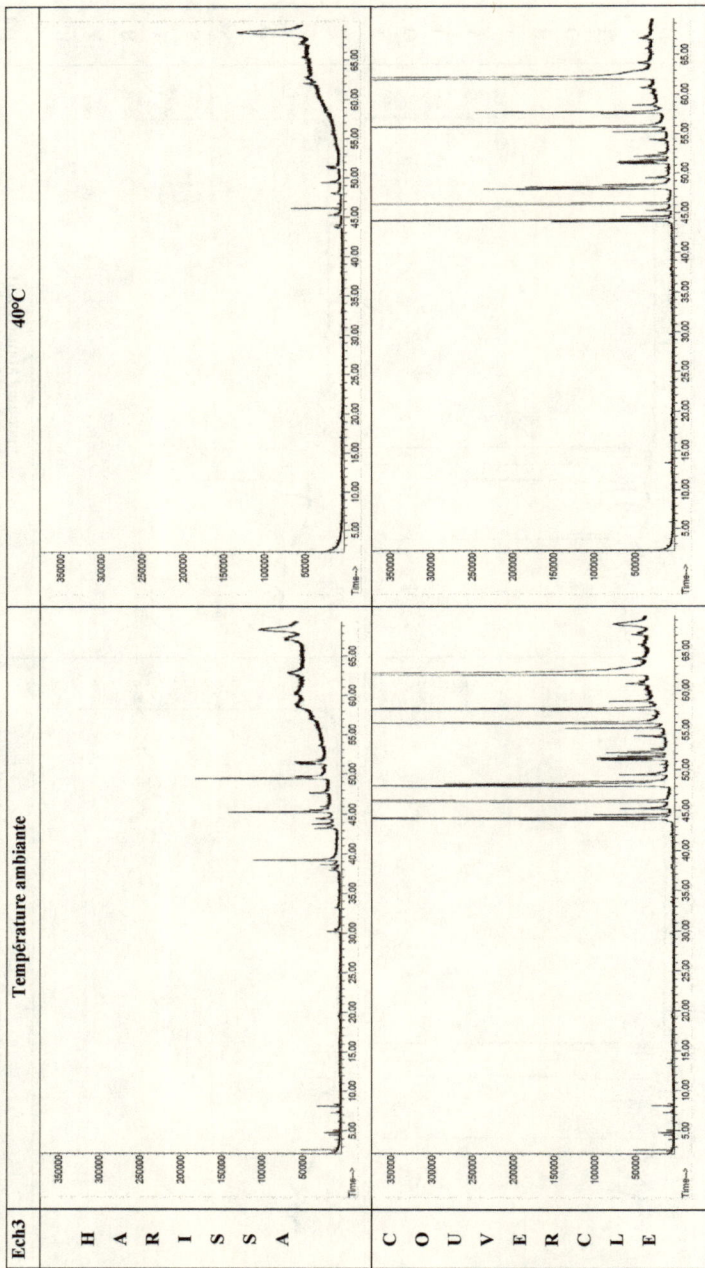

| Ech4 | Température ambiante | 40°C |
| Ech5 | Température ambiante | 40°C |

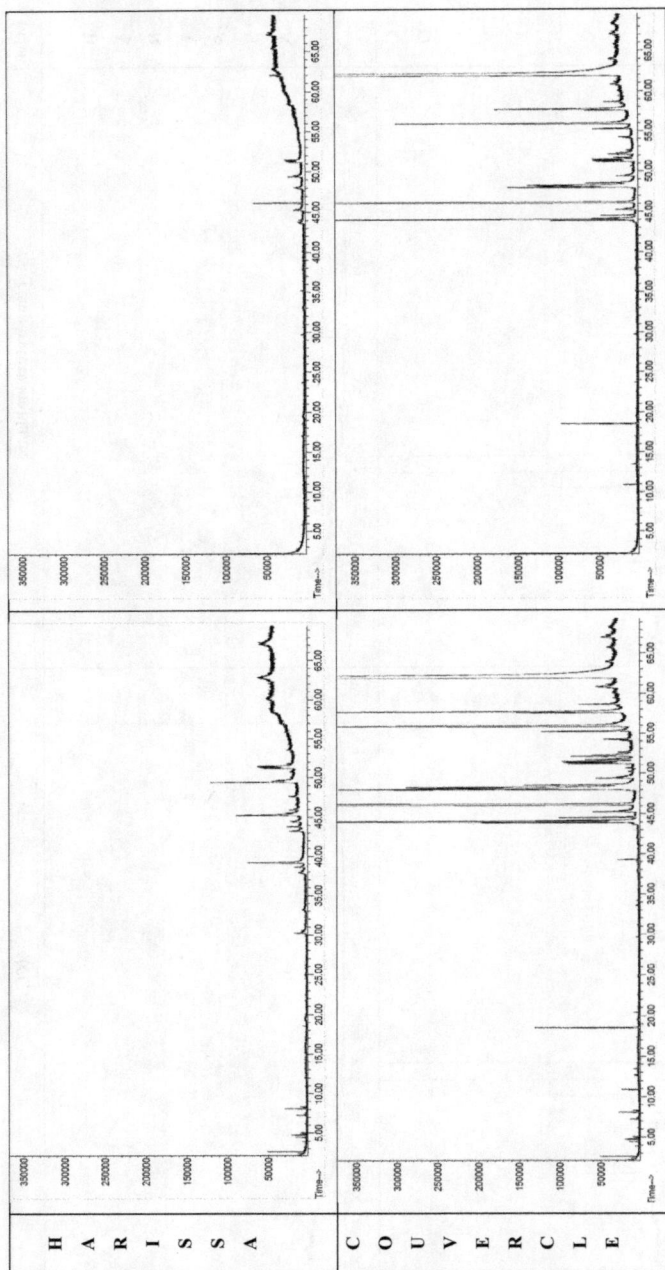

Annexe VII.

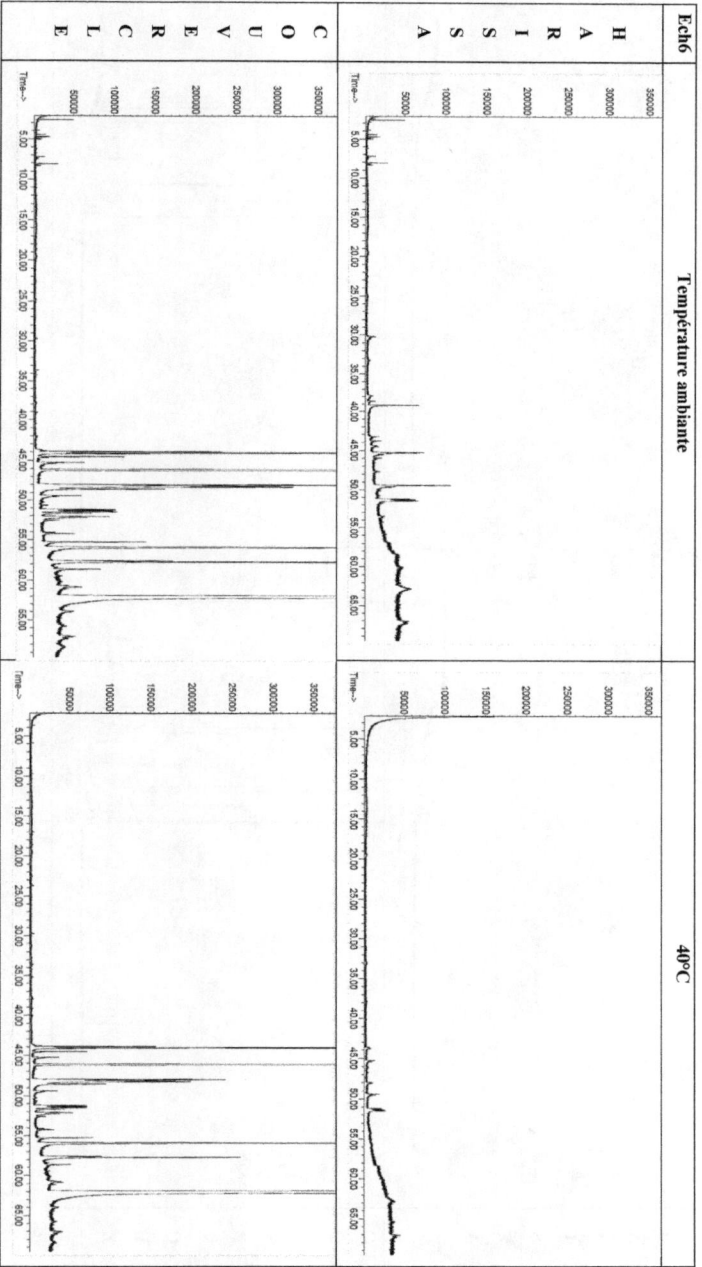

| Ech6 | Température ambiante | 40°C |

CHROVERISA

HAIRSA

Annexe VII.

Ech7	Température ambiante	40°C

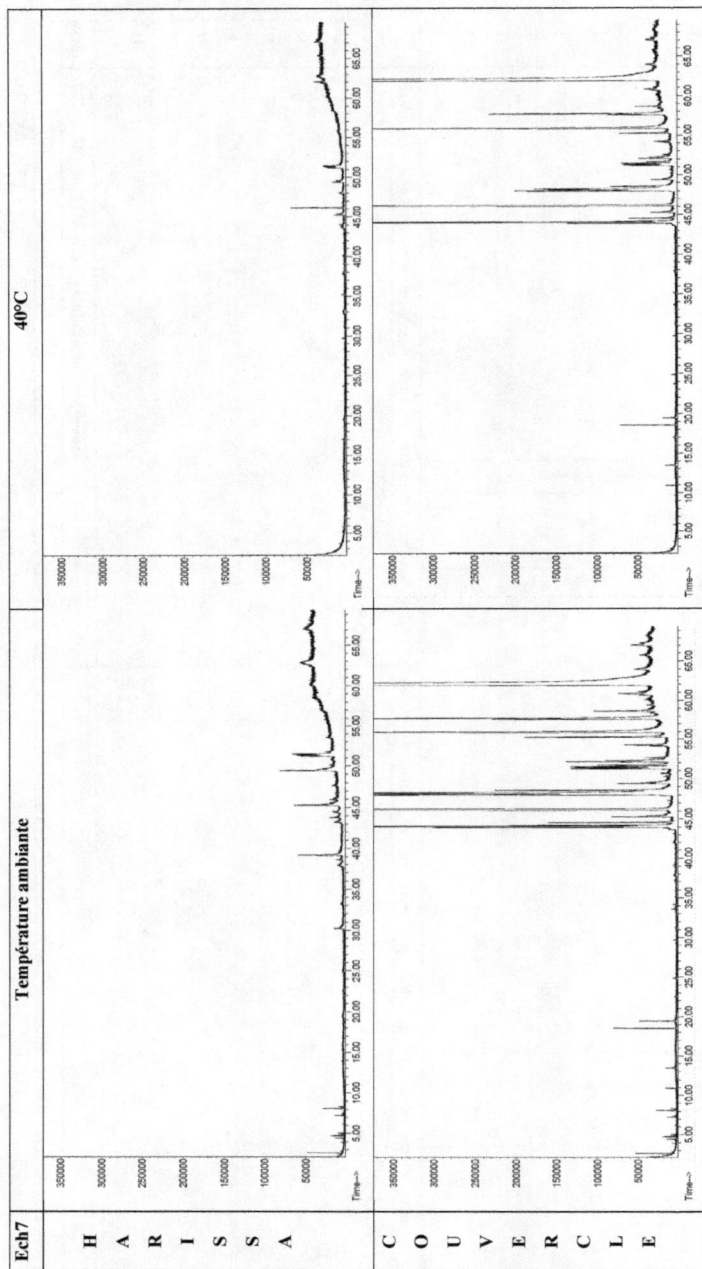

H
A
R
I
S
S
A

C
O
U
V
E
R
C
L
E

Annexe VII.

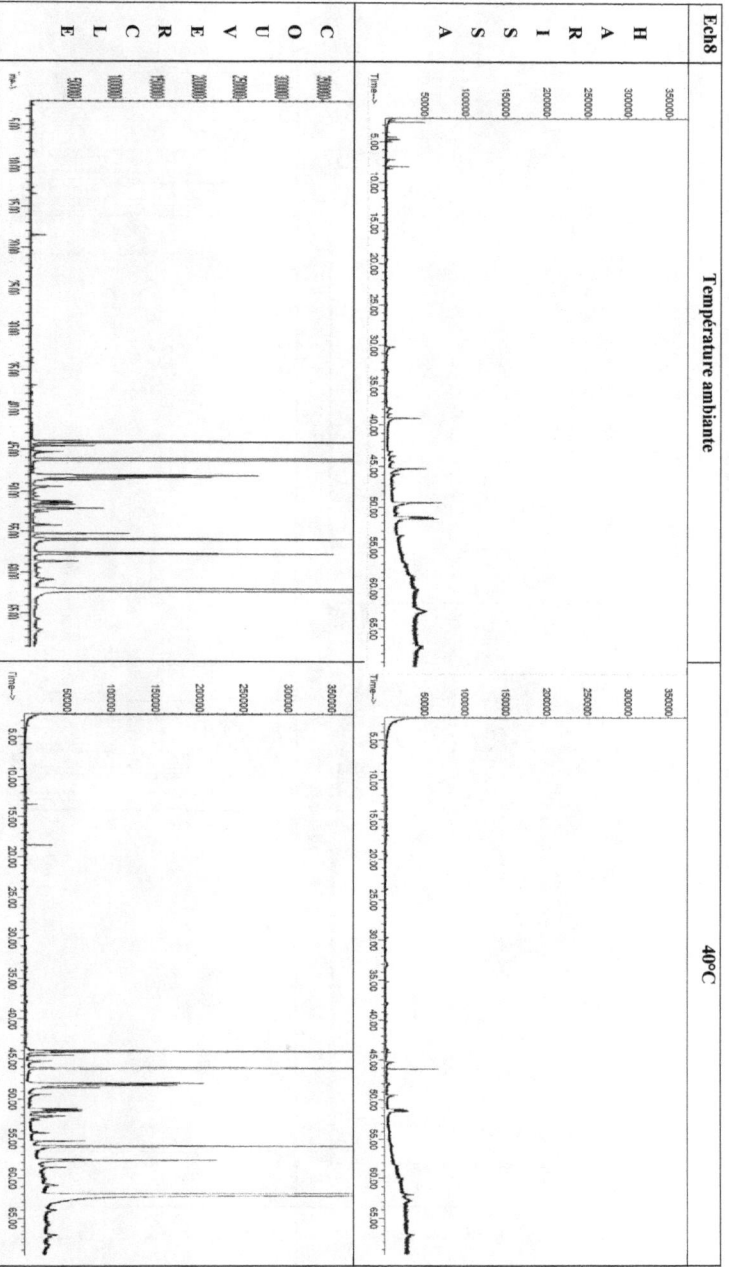

Annexe VII.

Ech9	Température ambiante	40°C

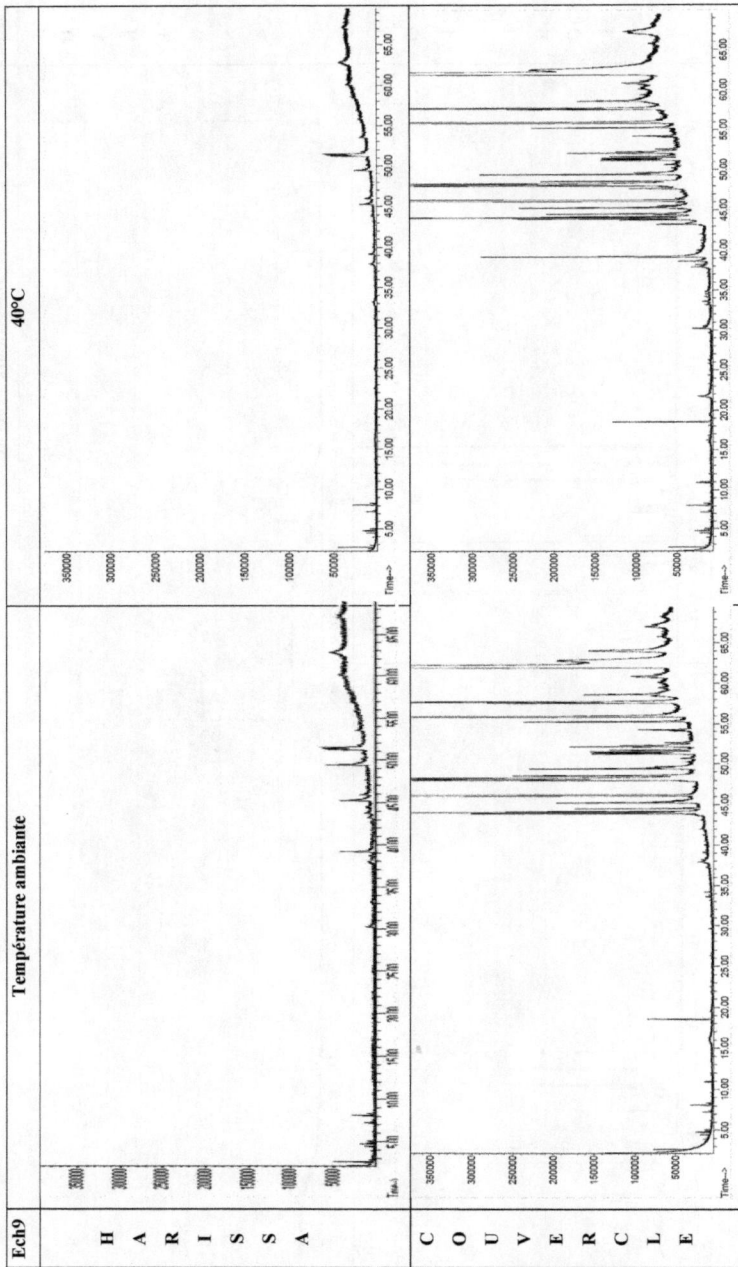

Annexe VII.

Ech10	Température ambiante	40°C

Ech11	Température ambiante	40°C

PFE

Annexe VII.

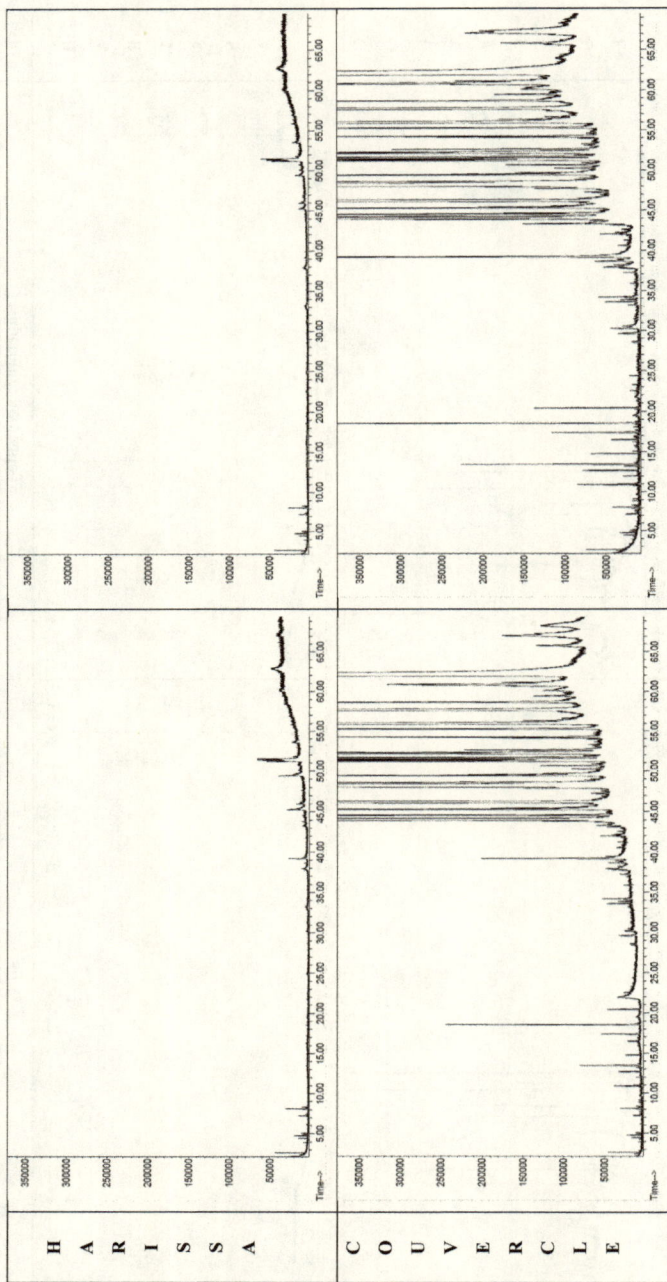

- **Tableaux des résultats**
  - ✓ **Couvercle vierge**

T_R (min)	Composé
5.856	Toluene
44.101	Decanedioic acid , dibutyl ester
44.228	Hexadecanamide
44.550	Butyl citrate
45.213	Adipic acid, 2-méthoxyethyl octyl ester
46.307	Tributyl acetylcitrate
48.078	octadecenamide (Z)
48.592	Octadecanamide
49.415	Adipic acid, decyl 2-méthoxyethyl ester
51.215	6,6 dibutoxyhexanoic acid, butyl ester
51.656	Hexadecanonic acid, dioctyl ester
52.120	Cis-11-Eicosenamide
53.522	Z-5-Methyl-6-heneicosen-11-one
54.019	Adipic acid, 2-méthoxyethyl tetradecyl ester
54.244	Hexadecanonic acid ,2,3-bis (actyloxy)propyl ester
55.269	Decyl octyl adipate
55.972	13-decosenamide (Z)
57.620	octadecanonic acid ,2(actyloxy)-1- {(actyloxy)methyl) ethyl ester
58.635	Adipic acid, decyl ester
62.247	9-octadecenoic acid(Z), 2,3-bis (actyloxy)propyl ester

- ✓ **Capsaicine et dihydrocapsaicine**

T_R (min)	Composé
52.224	capsaicin
52.587	Dihydrocapsaicin

✓ **Echantillons de harissa à 40°C**

T_R (min)	Composé	Echantillons										
		1	2	3	4	5	6	7	8	9	10	11
4.744	2-Hexene, 3,5,5-trimethyl-		+	+						+	+	+
7.221	2,3,3-Trimethyl-1-hexene			+						+		
8.092	2,4,4-T rimethyl-1 –hexene		+	+						+		+
16.997	Hexane,2,3,4-trimethyl-							+	+			
10.907	Limonene		+	+						+		
12.686	Diallyl disulphide				+		+					
13.445	Linalol			+								
18.531	Carvone											+
20.422	Trisulfide, di-2-propenyl				+		+					
30.230	Hexanedioic acid, dipropyl ester	+	+	+								
35.167	Tetradecane	+						+				
37.800	Adipic acid, isohexyl 2-methyoxyethyl ester	+	+	+				+	+	+		
38.794	Cyclohexanecarboxylic acid, decyl ester	+	+	+								
39.098	4,5,6- Trimethyltetrahydro 1,3- oxazine-2-thione			+								
39.194	n-Hexadecanoic acid	+	+						+			
43.319	Oleic Acid			+								
43.949	1 -Propene-1,2,3-tricarboxylic acid, tributyl ester		+	+		+						
44.056	Decanedioic acid, dibutyl ester		+		+	+	+			+		
44.179	Hexadecanamide	+	+									
44.537	Butyl citrate		+	+								
45.274	Adipic acid, butyl octyl ester	+	+	+	+	+	+	+	+	+		
45.397	Adipic acid, 2-methoxyethyl octyl ester		+	+	+	+	+	+	+			
46.166	Tributyl acetylcitrate	+	+	+	+	+		+				
48.020	9-Octadecenamide, (Z)	+	+	+	+	+	+					
49.409	Adipic acid, decyl 2-methoxyethyl ester	+	+	+	+	+	+	+	+	+	+	
50.648	Trans-13-docosenamide	+										
51.193	6,6-Dibutoxyhexanoic acid, butyl ester	+	+	+	+	+	+	+	+	+	+	+
51.653	Hexanedioic acid, dioctyl ester	+	+	+	+	+	+	+	+	+	+	+
52.587	Dihydrocapsaicine	+	+	+	+	+	+	+	+	+	+	+
58.400	1,3-Dioxane, 4-(hexadecyloxy)-2-pentadecyl-,	+	+	+								+
58.624	Adipic acid, decyl 2-octyl ester	+	+									
61.969	9-Octadecenoic acid(Z)-2,3- bis (acetyloxy) propyl ester	+	+	+	+	+		+	+			
67.060	Cyclopropanetetradecanoic acid, 2-octyl-, methyl ester	+	+		+	+	+	+				

✓ Couvercles à 40°C

T_R (min)	Composé	Echantillons										
		1	2	3	4	5	6	7	8	9	10	11
4.744	2-Hexene, 3,5,5-trimethyl-									+		
7.221	2,3,3-Trimethyl-1-hexene									+		
8.092	2,4,4-T rirnethyl-1 –hexane									+		
10.907	Limonene		+	+		+		+	+	+		+
12.686	Diallyl disulphide				+					+		+
13.445	Linalol			+				+	+			+
14.770	Hexane,3,methoxy-											+
16.506	3-vinyl-1,2-dihiacyclohex-4-ene											+
17.388	3-vinyl-1,2-dihiacyclohex-5-ene											+
18.531	Carvone		+			+		+	+	+		+
19,423	Cinnamaldehyde,(E)-							+				+
20.422	Trisulfide, di-2-propenyl						+					
24.851	Coumarin							+				
30.230	Hexanedioic acid, dipropyl ester									+	+	+
33.601	Benzenesulfonic acid, 4-methyl,- butyl ester				+		+	+				+
33.847	1,2-Benzenedicarboxylic acid, di-2-propenyl ester						+					+
37.707	Tetracontane,3,5,24 triméthyl	+										
37.800	Adipic acid, isohexyl 2-methyoxyethyl ester									+	+	+
38.794	Cyclohexanecarboxylic acid, decyl ester									+		+
39.098	4,5,6- Trimethyltetrahydro 1,3- oxazine-2-thione						+					
39.194	n-Hexadecanoic acid									+	+	+
42.010	Oleanitrile											+
43.949	1 -Propene-1,2,3-tricarboxylic acid, tributyl ester	+	+	+	+	+	+	+	+	+	+	+
44.056	Decanedioic acid, dibutyl ester	+	+	+	+	+		+	+	+	+	+
44.179	Hexadecanamide	+	+	+	+	+	+	+	+	+	+	
44.537	Butyl citrate	+	+	+	+	+	+	+	+	+	+	
44.654	Nonadecane	+	+	+						+	+	
45.274	Adipic acid, butyl octyl ester	+	+	+	+	+	+		+	+		
45.397	Adipic acid,2-methoxyethyl octyl ester	+	+	+	+	+				+		
46.166	Tributyl acetylcitrate	+	+	+	+	+	+	+	+	+	+	
48.020	9-Octadecenamide, (Z)	+	+	+	+	+	+	+	+	+	+	
48.544	Octadecanamide		+	+	+	+	+		+		+	
49.409	Adipic acid, decyl 2-methoxyethyl ester	+	+	+	+	+	+	+	+	+		
50.648	Trans-13-docosenamide	+	+									
51.193	6,6-Dibutoxyhexandic acid, butyl ester	+	+	+	+	+	+	+	+	+	+	
51.653	Hexanedioic acid, dioctyl ester		+	+	+	+	+	+	+	+		

		1	2	3	4	5	6	7	8	9	10	11
52.224	Capsaicin	+	+	+	+	+						
52.587	Dihydrocapsaicin	+	+	+	+	+	+	+	+	+	+	+
54.233	Hexadecanoic acid, 2,3-bis (acetyloxy) propyl ester	+	+	+	+	+	+	+	+		+	
55.259	Decyl octyl adipate	+	+		+	+	+	+	+		+	
55.910	13-Docosenamide, (Z)-	+	+	+	+		+	+	+		+	
57.604	Octadecenoic acid, 2-(acetyloxy)-1-[-(acetyloxy) methyl] ethyl ester	+	+	+	+	+	+	+	+		+	
58.400	1,3-Dioxane, 4-(hexadecyloxy)-2-pentadecyl-,			+							+	
58.624	Adipic acid, decyl 2-octyl ester		+	+	+	+	+	+	+			
59.436	Trans-13-octadecanoic acid	+										
60.681	Stearic acid, 3-(octadecyloxy) propyl ester	+	+	+								
60.703	2-Cyclopropylcarbonyloxytetradecane	+										
60.799	Eicosanoic acid, 2,3-bis (acetyloxy) propyl ester	+	+	+	+	+						
61.969	9-Octadecenoic acid(Z)-2,3- bis (acetyloxy) propyl ester	+	+	+	+	+	+	+	+			
63.951	i-Propyl 16-methyl-octadecanoate		+									
67.028	3-(Prop-2-enoyloxy) tetradecane	+		+	+	+						
67.060	Cyclopropanetetradecanoic acid, 2-octyl-, methyl ester	+	+	+	+					+	+	+